你一定要知道的人生经验

郑斌◎编著

中国纺织出版社

内 容 提 要

一个人的成熟在于对人生有多少感悟和经验的积累，很多事情，未曾走过，也要懂得，这才能让自己躲开人生的壁垒，发现成功的捷径。

本书从社交、职场、情感、心理、家庭等方方面面，细致讲解了年轻人闯荡社会应该具备的经验与智慧，引导年轻人开拓自己的眼界，丰富处世的智慧，洞悉人生的真谛，踏出人生的误区，摆脱惯性思维的束缚，拥有一帆风顺的精彩的人生。

图书在版编目(CIP)数据

你一定要知道的人生经验/郑斌编著.—北京：中国纺织出版社，2015.1（2023.5重印）

ISBN 978-7-5180-1223-7

Ⅰ.①你… Ⅱ.①郑… Ⅲ.①人生哲学—通俗读物 Ⅳ.①B821-49

中国版本图书馆CIP数据核字(2014)第267289号

责任编辑：闫 星　　责任印制：储志伟

中国纺织出版社出版发行

地址：北京市朝阳区百子湾东里A407号楼 邮政编码：100124

销售电话：010-67004422 传真：010-87155801

http：//www.c-textilep.com

E-mail：faxing@c-textilep.com

中国纺织出版社天猫旗舰店

官方微博 http：//weibo.com/2119887771

永清县晔盛亚胶印有限公司印刷 各地新华书店经销

2015年1月第1版 2023年5月第3次印刷

开本：710×1000 1/16 印张：19.5

字数：198千字 定价：88.00元

前言

我们生活中的任何一个人,从踏出校园的那一刻起,就将成为社会的一分子,你所接触的人不再是父母师长,不再是儿时的玩伴和同学,你要接受的是成人间激烈的竞争。为什么有些人在这些竞争中被冲撞得头破血流?为什么有些人却能在这些竞争中游刃有余,在不显山露水中就能实现自己的梦想?很简单的四个字:人生经验!

你回想一下,是否曾经因为一句无心的话而得罪了别人?是否因误解了别人的意思而做出了错误的举动?是否……如果你曾有这些经历,那么,就要从现在开始不再鲁莽,在做任何事、说任何话之前不妨先考虑一下后果,因为不会做事只会讨人嫌,懂得为人处世,在以后的人生道路上,才可以与人和谐相处,少些坎坷波折。

的确,我们生存的这个社会的任何活动都是有规则的,社会才是人生的大课堂,那些在学校课堂上学不到的东西,社会都会给你机会学习。但是,世事复杂,很多你不明白的问题,其实也都存在着一些规则,如果你掌握这些规则,就能变不利为有利,轻松、快捷地打拼出属于你自己的成功!

任何人可以拒绝任何事物,但不可能拒绝成长,成长是每个人必经的过程。因此,你再也不要用天真的心态和为人处世方式来面对你周围的世界了!一个人,无论从事什么行业,只要学会处理人际关系,掌握并拥有丰厚的人际资源,就意味着在成功路上已经走了一大半的路程。由此可见,拥有并学会利用人际关系对我们个人事业的发展是何等重要。

在每个人的一生中,必须要学会的事不外乎两件:一件是做人,一件是做事。我们除了要懂得怎样为人、积累人脉外，还要懂得怎样做事，凡事不要强出头，“枪打出头鸟”“出头的椽子易烂”，不要成为别人排斥的对象，要懂得收敛自己的个性。另外，你要记住：“害人之心不可有，防人之心不可无”，行走社会，还要防备一些潜在的危险，才能让自己少走弯路。

现实生活里，相信很多人都曾尝试找到一个快速提高自己为人处世能力的法宝，但寻找的过程是艰难的。这里，我们向您推荐本书。

从这本书中，我们能认识到为人处世的重要性，掌握说话和做事的技巧。它能帮助你逐渐修炼成一个够成熟、够明智的人，让你在人生的旅途上更加从容地应对各种人际关系，牢牢地掌握人生的主动权。

编著者

2014 年 4 月

上　篇　**谁比谁愚蠢，多懂一点儿别被人欺** // 1

第 1 章　**别满脸青涩一身稚气，看着年轻总被人欺** // 3

减少青涩气，平添世态心 // 5

立足职场别放松那根弦 // 7

小心内心最柔软的地方被人利用 // 9

控制你的情绪，小心被人钻空子 // 11

过度单纯不是可爱，反而显得幼稚 // 13

别让“亲密无间”伤害你 // 15

第 2 章　**别看着就是软柿子，没有气场总被人捏** // 19

别陷入“人善被人欺”的境地 // 21

面对无理冒犯，你该怎么处理 // 23

别只会做好脾气的人 // 25

智慧地开展你的反驳 // 27

别总是不好意思说“不” // 29

别总不好意思与人争 // 31

第 3 章　**别锋芒太露不顾他人，有才最是招人嫉妒** // 35

别因才华招致他人的嫉恨 // 37

低调行事，懂得适时低头 // 39

放低自己才能博采众长 // 41

别让你的优秀否定同事的能力 // 43

懂得隐藏自己,别轻易现“真身” // 45
放下“身段”,关键时更显身价 // 47

第 4 章　别哑巴吃黄连有苦说不出,看清形势把握重点 // 51
是直言快语,还是绕圈子说话 // 53
一句话把人说笑,还是把人说跳 // 55
讲究说话策略,避开语言陷阱 // 57
言语失误时,巧妙将其化解 // 59
“善意的谎言”如何说得更妥当 // 61

第 5 章　别没看清对方就掏心窝子,不懂交际恐自伤 // 65
关系再近也得留一手,别成为受害羔羊 // 67
逢人只说三分话,别随便“交心” // 68
牢骚可以有,但别随便发 // 70
擦亮双眼,看清身边的小人 // 72

第 6 章　别开口就把话说绝,口无遮拦难成大事 // 75
话不说满,别自己把路封死 // 77
讲究方式,学会拒绝 // 79
说话讲究分寸,开口分清场合 // 81
慎言少祸,给自己的嘴上加把锁 // 83
领导面前,别开口就说“越位”话 // 85

第 7 章　别三言两语就被迷惑,学会了解他人内心 // 89
越单纯的人,越不会体察人心 // 91
要知心腹事,且听口中言 // 95
听言关行,多方面了解他人 // 97
破译体态语言,掌握对方意图 // 100

第 8 章 别呆板鲁莽义气行事，交际场上要有智慧 // 103
嘘寒问暖是交往的第一级台阶 // 105
称呼得体拉近与人的关系 // 106
赞美能产生神奇的功效 // 108
在交际中说好该说的“场面话” // 111
事后向人致谢的学问 // 113

第 9 章 别总把自己撇在一边，三分能力七分交际 // 115
别让你的成见将他人拒之门外 // 117
受人冷落时的“热情感化” // 119
从细小处为自己储备人情 // 121

第 10 章 别光顾面试时展现自己，机智应对才受青睐 // 125
分析自身情况，制订合适的发展规划 // 127
掌握好求职面试的说话技巧 // 129
谈薪酬应该掌握好技巧 // 131
识破求职面试中的语言陷阱 // 133
多长个心眼儿，避开职场圈套 // 135

第 11 章 别老牛拉车只顾低头，职场人士要会做事 // 139
怀才不遇也许是因为你不会自我“曝光” // 141
哪些是话中语，哪些是弦外音 // 143

第 12 章 别想着单打独斗逞英雄，擅长运用“借”的智慧 // 147
巧于“借力”，是成功的一大诀窍 // 149
借势发挥，使自己更强大 // 150
适时巧借用名人之力 // 153
借他人的智慧成就自己的事业 // 155

灵活运用“借鸡生蛋”这一招 // 157

第 13 章　别端着高学历的架子,有潜质不如能做事 // 161

用心工作,把小事当成大事做 // 163

全力以赴地去做,才可能有好结果 // 165

把自己当做新人,在工作中虚心学习 // 167

广泛地学习,全面提升能力 // 169

对工作精益求精,使结果尽善尽美 // 171

进取心是永不停息的自我推动力 // 173

下　篇　谁比谁更精明,别搬起石头砸自己的脚 // 177

第 14 章　别偷奸耍滑玩小聪明,机关算尽自作自受 // 179

蒙混过不了关,没有不透风的墙 // 181

虚情假意,只会看到无果之花 // 183

许诺如负债,到时必须还 // 185

主动认错,别想推卸责任 // 187

保持好品质,机遇自然多 // 189

第 15 章　别人前人后太过圆滑,逢迎拍马受人鄙视 // 191

圆通是大智慧,圆滑是小聪明 // 193

学习处世技巧,更要保持自己的底线 // 195

你是在做好人,还是在做“老好人” // 197

别想也来点谄媚拍马,可能会适得其反 // 199

想处处讨好他人,最后只能形单影只 // 201

第 16 章　别只顾贪图眼前小利,否则只会耽误自己 // 203

敢于取舍,才能做出正确的选择 // 205

拥有财富,而不是被财富所拥有 // 207

与其你死我活，不如彼此双赢 // 209
智者成人之美，不乘人之危 // 211
吃亏是福，也是一种处世策略 // 213
“吃独食”最危险，与人分享才明智 // 215

第 17 章 别城府过深精于心计，多点成熟少点世故 // 219
用出世的心态，做入世的事情 // 221
知世故而不世故，才是真成熟 // 222
处世成熟，不意味着赶走纯真的心 // 224
没有缺点，反而让人不知如何接近你 // 225
心机过重，会惹来他人的非议 // 227

第 18 章 别打着“算盘”占全便宜，算来算去算失自己 // 231
天上掉馅饼，不是圈套就是陷阱 // 233
和诱惑靠得太近，容易被“咬”伤 // 235
一时吃亏，长远来看却往往有利 // 237
妄求完美，往往得不偿失 // 239
勇于舍弃者精明，善于舍弃者高明 // 241

第 19 章 别揭人伤疤戳人痛处，嘲讽他人曝短自己 // 243
嘲笑别人，反而更显得自己浅薄 // 245
善良点，巧用自嘲化解对方的尴尬 // 247
当着“矮子”，不说“短话” // 249
点破别人的错误时要抱有同情心 // 251
适可而止，玩笑不能伤人自尊 // 253

第 20 章 别见风使舵没有立场，墙头草最先被拔掉 // 257
做人要不失本色，不盲目迎合 // 259

没有主见，就容易随波逐流 // 260
善待每个人，别太“势利眼” // 262
积点口德，别做巧言令色的人 // 265
身正不怕影斜，莫被强权所迫 // 267

第 21 章　别自作聪明想走捷径，聪明反被聪明误 // 271
做人要精明，但不能耍小聪明 // 273
即使揣着明白，有时也要装糊涂 // 275
大事不能糊涂，小事别总聪明 // 277
你不是什么都行，要善于听取他人意见 // 279
聪明外露，有时会弄巧成拙 // 281

第 22 章　别小肚鸡肠眼红利益，斤斤计较堵死前路 // 285
顾及别人的面子，顾及自己的未来 // 287
占理也要气和，得理更要饶人 // 289
对于他人的过失，别总抓着不放 // 291
人情留一线，日后好相见 // 293
主动示好，化干戈为玉帛 // 296
将内心用爱填满，仇恨就会被赶出 // 298

参考文献 // 301

上篇

谁比谁愚蠢，多懂一点儿别被人欺

第1章 别满脸青涩一身稚气，看着年轻总被人欺

初入职场的人，往往想法单纯，如果以对抗的姿态出现在社会中，等待你的必然是事事不顺、处处碰壁。想要立足于世，你就必须学会接受现实，通晓人情世故。如果你不想被别人控制，就得先控制自己的情绪，在必要时伪装自己，深藏不露。在有些时候，我们更是要始终留有余地，以防患于未然，凡事多留心，这样才能融通处世，让人生之路更加顺畅。

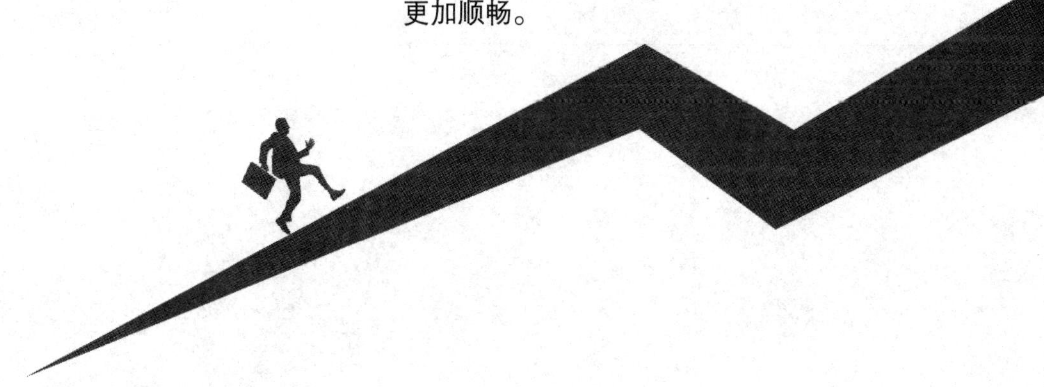

减少青涩气，平添世态心

对于很多职场新人来说，由于长期受校园文化熏陶，社会经验较少，往往抱有很单纯的想法。这种学生气的外在表现就是不通人情世故，以学生的视角感知周围的一切，有时对社会还存有一种对抗心理。这个社会自有它的规则，这是从书本上永远学不到的东西。如果你不留意，而是贸然冲撞，就会时时受阻、处处碰壁。

据调查，从学校毕业进入工作岗位后，尽管人们大都对未来充满美好憧憬，但生存环境的改变及角色转换的压力，使得这些社会新人倍感紧张，有半数以上会出现“社会不适症”。如果不能尽快褪去学生气，就会与新环境产生摩擦、碰撞，工作也难有成绩与突破，从而影响到自己的未来。

所以，进入社会后，我们需要做的就是尽快成熟起来，而懂得人情世故是成熟最基本的要求。人情世故指为人处世的方法、智慧。通晓人情世故的人，在交往沟通中，能站在对方的立场上行事；在坚持自己的原则时，能不伤及别人的尊严；在与人产生矛盾的时候，懂得向后退一步。

人情世故的一个重要心理要素是包容。做一个成熟的人，需要具备包容的心态。有句话说得好：“如果你不能改变环境，那就试着包容。”任何人要想顺利地适应复杂多变的社会，就只能从调整自身开始做起。因此，我们在真诚、善良、宽容的基础上，也不应始终一成不变，而应该根据环境的变化适时调整自己。

人际关系大师卡耐基认为，在漫长的一生中，谁都难免会遇到许多不愉快的事情。这时，如果我们深陷其中、为它忧闷，就容易给自己增添莫名的烦恼。我们如果抗拒它就有可能导致人生的覆灭。显然，这两种方式都是不可取的。聪明的人会选择把它们当做不可逃避的事实,然后接受它、适应它。著名学者于丹说:“人生没有弯路可言,接受一切结果,这就是一种坦然。”

我们都想不到,像于丹这样的学者,成长的过程也并不是一帆风顺的。当年,北大硕士毕业的于丹被安排到北京的一家印刷厂工作,她每天干的活儿就是用汽油擦地上的油墨,还有其他很多体力活要干,手常常被磨出血。

在这种情况下,于丹没有怨天尤人,而是选择了适应,工作起来更加积极主动。一天,车间主任拿来一部很有价值的医学书稿,问:“你们谁能做校对?”书稿里都是古文,一般人看不懂。于丹主动接受了这项任务。刚开始,主任对她的能力还将信将疑,但于丹仅仅花了一下午的时间,就把那部书稿校对完了。之后,于丹在厂里的地位一下子提高了,她的心态也更平和了,做什么都不再觉得辛苦,反而会从中找到乐趣。

在一次讲座上,于丹谈到了这段往事。当时,她对台下听众说了这样一段话:“人不要不停地追问为什么,抱怨不公平。无法改变现状时,要迅速地接受下来。在你迷惑不解、怨天尤人的时候,可能有一些机遇已经被别人拿走了。所以要学会接受现状,但是接受永远不是消极、被动、唉声叹气地去忍受。”

面对现实,越牢骚满腹,就越会消极无奈,越容易走进死胡同,结果变得无路可走。而早早学会适应现实,就能从积极的角度去思考问题,把怨气变成干劲,把消极变成自觉,从而就能获得更多的发展机会。

社会是现实的,鱼龙混杂,不但有光明,也有黑暗。面对其中的一些人和事,我们必须学会适应。我们无法控制不幸事情的发生,但我们可以控制自己的反应。如果我们为自己无能为力的事情而烦恼,那无异于作茧自缚,浪费感情。面对已经无法改变的事实,悲愤痛苦不如坦然接受。面对种种的困扰,很多人都会产生抵触心理,要么消极怠工,要么跳槽走人。但换个地方,发现问题同样存在,于是再换个地方重新开始。反复无常、浮躁难安,这正是很多大学生尽管已经毕业好几年,但还是没有完成最基本转型的根

本原因。其实，明白了社会不同于学校，明白了他人不可能以你为中心，以理性的态度尽早地接受现实，反而能过得更惬意。

如果想要立足于世，就必须学会正视现实、接受现实。我们一定要试着去适应这个变化极快的社会，学会承受一切不可逆转的事实。只有这样才能在变幻莫测的社会中处变不惊，游刃有余。

立足职场别放松那根弦

俗话说："防人之心不可无。"生活并不像想象的那么美好、单纯，总是充斥着尔虞我诈、钩心斗角；社会是复杂多变的，什么样的人都有，什么样的事情都可能发生。所以，我们不能太天真、太单纯，要学会保护自己，防范他人。否则，就有上当受骗、被人暗算的危险。

当今的职场，随着竞争的日益激烈，貌似风平浪静，实则暗流汹涌。有时候，同事之间难免会发生一些利益上的冲突，虽然绝大多数人都是善良的，但是也免不了会遇见"另类"的人物，这就提醒我们每一个身在职场的人要睁大眼睛、小心防范，切不可毫无心机，被别人所利用。

在某市机关的办公室里，康林与李辉是很好的朋友。他们既是同学又是同事，两人都很珍惜这份缘分。后来，局里要在他们办公室选拔一位科长。他们俩的能力都很突出，尤其是康林，工作能力强，人缘很好。所以大家一致认为非他莫属了。

结果下来后，令大家吃惊的是，中选的不是康林，而是李辉。大家都想不通是怎么回事。原来，李在得知这次选拔是在他与康林之间进行时，私欲极大地膨胀起来，他暗下决心，一定要把康林挤掉。但他也明白，如果搞公平竞争，自己不是康林的对手，他只能靠小动作取胜。于是，他四处活动，在领导面前极尽献媚之能事，除大大夸张自己的能力外，还处处给领导暗示——康林有许多缺点，他不适合这份工作。他和康林相处多年，找出一些对方的失误毫无困难，加之他又编造了一些似乎很有说服力的证据，这种阴谋活动终于让康林被淘汰出局。

同事又是好朋友，这种关系在职场中最为危险。因为你们彼此都知根知底，很容易就会被对方揭短。所以对处于竞争当中的同事，必须时刻小心提防，特别要对“朋友”防一手。康林之所以处于一种“防不胜防”的被动而尴尬的境地，是因为他没有明白这一点：对关系再近的人也得提防，否则就会成为受害的羔羊。

人性究竟是善还是恶，绝非三言两语能够说清楚。在现实生活中，我们在与人打交道时的确要谨慎小心，对人不妨考虑一些防范对策，以防万一。如果你做人太单纯，没有一点心机，就容易被别人欺骗，吃亏上当。你不必埋怨别人太卑鄙，只能怪自己做人太单纯、太大意。

杨菊和赵娜在同一家公司上班，她俩年岁相差不太大，平时关系很好。年终时公司搞了次推广策划评比，将对方案优胜者予以奖励。杨菊紧紧抓住这个机会。经过半个月的深入调研，加上平时对市场工作的观察思考，很快做出了出色的策划案。

方案征集的最后一天，赵娜说：“我还真有点紧张，小菊你帮我看看，提提意见。”杨菊一口应承下来。末了，她觉得赵娜的策划很是一般，没有什么创意，但她没好意思多说什么。赵娜用请求的目光盯着杨菊：“我也看看你的方案吧。”杨菊同意了。

第二天的评比会上，赵娜按规则首先发言。让杨菊吃惊的是，赵娜讲述的方案跟自己的竟然一模一样，讲解后还对老板说：“很抱歉，我的电脑染了病毒，文件打不开了。所以，我现在只能口头讲述自己的方案，我会尽快整理出书面材料的。”杨菊听得目瞪口呆，万万没想到昔日的好同事如此卑鄙，竟会在光天化日之下抢自己的功劳。可这又能怪谁呢？在座的谁会想到呢？她不敢再把自己的方案交上去，也不敢申诉，她资历浅，怕老板不相信

自己。评比结束后，赵娜得了第一，她急匆匆地离开了，从此再也没有理杨菊。杨菊气得伤心地离开了这家公司……

在现实社会里，欺骗与狡诈无处不在，大到国际争端，小到个人关系，人生从某种角度上看就是一场战争。在人际交往的明争暗斗中，各种手段是层出不穷、令人防不胜防的。在这场战争中，为了求生存，必须有谨慎的生活方式和态度，否则，就容易落入某些人的圈套，任人宰割。

按理说，与人相处应坦诚相待，不应该时刻保持警惕，可是现在的职场中，骗子小人无孔不入，稍不留神，就可能会吃亏上当。所以我们必须绷紧谨慎这根弦，要防范披着朋友外衣的"小人"。向别人倾吐心事要慎重，不要被表面现象迷惑，"谨慎"二字应时刻在心头。

小心内心最柔软的地方被人利用

每个人的心灵都有其柔软的地方，再强势的人，也有他人不易察觉的弱点，这就是同情心。做人要善良、要有同情心，这是公认的道理。但如果放到某些具体的、特殊的场合中去考察，则不可简单了之，而是要把握同情心的分寸。单纯的人很容易好坏不分，一味善良，结果常被别人利用。

一天，若冰出去逛街，在商场外面遇到了一个抱着小孩的女人。她向若冰诉说生活的困苦以及在这个城市谋生的艰难，想让若冰给她一点钱，给小孩买一点吃的东西。

若冰看着她怀中那面黄肌瘦的小孩，动了恻隐之心，她给了那女人一百块钱。那女人道谢之后，带着小孩离开了。望着远去的母子，若冰叹息说："为什么世界上总有那么多的可怜之人呢?"此刻，若冰感受到了人生的无奈。

当她准备进商场时，被一位大姐叫住了。她自我介绍说是社区的工作人员，她向若冰介绍了那个女人的情况。从她那里，若冰得知：那女人是一个骗子，每天都会带着小孩在这一带利用人们的同情心来骗取钱财，社区已经警告过其多次。一不小心，那女人又钻了一个空子，把若冰也骗了一次。

若冰非常气愤，并不是因为被骗走的钱，而是因为被骗走的同情心。

带着小孩行骗，岂不是在教小孩以后继续行骗？如此反复下去，被骗的人越来越多，人们之间又谈何信任？今后遇到请求帮助、但又无法确定的人时，我们又将怎样选择？拒绝吗？那么那些真正需要帮助的人在得不到外界援助的情况下，他们该有多难呢？

真正需要帮助的人得不到社会的帮助，别有用心的人处心积虑地骗取着世人的同情，这到底是不良的世风，还是人性的堕落？生活在如今这个年代，有些人变得更爱依赖他人，更愿意不劳而获地生存。我们富有同情心，却于不知不觉间陷入了别人设计的圈套；我们的同情心、正义感随时都可能被利用，被当做他人创收的来源。

玛丽和贝沙是多年的老相识了。贝沙最近离婚了，独自生活了一段时间后，因经济情况将自己的房子卖了。于是玛丽邀请她搬到自己的家中居住。

玛丽同情贝沙，总是尽己所能地帮助她。为了减少她的生活开支，玛丽管她吃喝，分文不收。玛丽用自己的积蓄来满足贝沙的一切需要。半年后，贝沙搬走了，从此以后再没跟玛丽联系过。这一事件使玛丽感到，自己受到了伤害和欺骗。她告诉朋友说："我毫无保留地帮助她，慷慨地给予她一切。我难以抑制自己的同情心，可是贝沙最后却翻脸不认人。"

为人单纯者认识不到给人同情应该适当节制，容易过分地表示同情。同情虽是一种良好的心态，却不能盲目地去为别人做很多事。为了真正做到与人为善，而不被伤害，务必要抑制自己过分行善的欲望。

同情心有时可以发挥很大的感化力量，但"过分同情"有时也会成为一个人生存的负担，甚至是致命弱点。"过分同情"容易动摇意志与理性，因此

常在放弃自己的立场之后，反过来伤害了自己。例如：有些不怀好意的借债者，你在他苦苦哀求之后借给他许多钱，结果却一块钱也要不回来！

“过分同情”会成为你的弱点，成为人人想利用的把柄，在眼泪、温情、请求、孩子似的无辜与可怜之下，你将立场不稳，是非不分，最终成为最大的受害者。

可是，天生心软的人怎么办？难道注定要做个被利用者吗？答案是否定的。这样的人应该训练自己的思考与判断，用理性和智慧来指引自身的行为，而不要轻易被感情左右；要经过某种历练，才能成长、成熟，变得越来越果断。

对于我们来说，同情心不是说不应该有，而是要在施与中认清对象是否值得去同情。真正的善做人者大都懂得把握同情的分寸，不会不分对象不加节制地慷慨付出一切。否则，一不小心，不但会使宝贵的同情心白白浪费掉，自己也容易深受其害。

控制你的情绪，小心被人钻空子

现实生活中，很多人并没有把控制情绪当成一件重要的事，总觉得情绪化是一种率真的表现，是一种很单纯的人格，他们都信奉一句话“做真实的自我”。于是在生活中，这些人从不掩饰自己的喜怒，开心的时候就笑，难过的时候就哭，烦躁的时候就发脾气。这些做法，在表面看来当然没有问题，可如果你身体力行了，时间一久就会发现，自己已陷入泥沼。

你对情绪不加掩饰，所以周围的人都知道怎么调动你的情绪，人们可以轻松地让你笑，让你哭，甚至让你大发脾气。一个经常把喜怒哀乐写在脸上的人，很容易受制于人。如果让这种率真一直跟随自己不去控制的话，最终只会一败涂地。

其实,很多刚毕业的大学生可能都会遇见和赵航一样的问题。比如,进入一个新的工作环境后,对这个看不顺眼,对那个也不喜欢,认为老板没多大本事,认为同事都不如自己,对公司的制度不满意,对一些潜规则更是不屑一顾。如果这种不满的情绪时常表露出来,对自己的人际关系肯定是非常不利的。

人应该学会保护自己,心里有什么想法,不要轻易地表露出来。如果你的喜怒哀乐表达失当,有时会招来无端之祸。人多少都有察言观色的本事,他们会根据你的喜怒哀乐来调整和你相处的方式,进而顺着你的喜怒哀乐来为自己谋取利益。你也会在不知不觉中受到别人的掌控。因此,为了保护自己免受伤害,我们一定要学会控制自己的情绪,不要轻易地把自己的情绪表露出来,以免伤害自己和得罪别人。

清代重臣曾国藩深谙控制情绪之道,他不仅常常审视自己是否表现欲太强,而且对下属中有这一倾向的人也及时教诲。

在他做两江总督时,下属李鸿裔来到他的幕府中。曾国藩特别喜欢他,对他像儿子一样看待。一天,李鸿裔翻看茶桌上的文本,看到一首诗,是某一位老儒所写的。这老儒,是当时十圣贤中的一个。诗文后边写有这样一段:"使吾置于妙曼娥眉之侧,问吾动好色之心否乎?曰不动。又使吾置于红蓝大顶之旁,问吾动高爵厚禄之心否乎?曰不动。"李鸿裔看到这里,拿起笔在上面戏题道:"妙曼娥眉侧,红蓝大顶旁,尔心都不动,只想见中堂。"写完,扔下笔就出去了。

曾国藩看到了所题的文字后,把李鸿裔找了回来,然后指着他写的字对他说:"这些人都是些欺世盗名之流,言行一定不能坦白如一,我也是知道的。然而他们之所以能够获得丰厚的资本,正是靠的这个虚名。现在你一定要揭露他,使他失去衣食的来源,那他对你的仇恨,岂是平常言语之间的仇怨可比的,杀身灭族的大祸,隐伏在这里边了。"李鸿裔很敬畏地接受了教诲,从此以后便懂得控制情绪,不敢再胡言乱语了。

要懂得控制情绪，别轻易表现喜怒哀乐。在复杂的社会环境中，为了避免不必要的灾祸，必须严守“深藏不露”的原则，也就是说，不乱发议论，不显露企图，不结党结派，不让别人窥出自己的底细和实力，这样对手就难以钻空子了。

收敛一下你率真的性格吧，这种单纯在你走向社会之后，就不要再显露出来。在人际交往中，要时刻保持警惕，做到喜怒不形于色，不让自己的情绪成为别人利用的对象。如果你不想被别人控制，就得先控制自己的情绪，在必要时伪装自己，深藏不露。

过度单纯不是可爱，反而显得幼稚

人生最大的悲哀，就是在严酷的现实面前，固执地持有单纯的想法。在现实世界里，过度的单纯不是一种可爱，而是一种幼稚。做人单纯本身不是错，而关键是社会关系复杂，要想在社会上立足，就要懂得适时适度地伪装自己，以防被人欺诈被人骗。这是处世和生存的基本条件。

著名哲学家荀子在论人性时说：“人之性恶，其善者伪也。”这句话的意思是说，人如果看起来是善的，那是努力伪装后的结果，人性本来就是恶的。荀子是在告诉我们，做人必须适度地伪装自己，以防被恶人所害。说到伪装，我们可以从动物那里受些启发。

当遇到危险时，乌龟便会将头和爪子全部缩进壳内，这样装死足足几分钟后，等敌人走远了，它才会慢慢爬出来。兔子的防卫技巧更是高超，当被高空中的鹰发现时，兔子并不慌忙，它会顺势打个滚，装作死去，鹰一个俯冲下来，本想这下可抓住兔子了，可是当鹰到达地面刚伸开双爪时，兔子却一跃而起双爪猛抓鹰的胸肚部位，鹰悲鸣几声，仓皇逃离了地面。

以上是以欺诈对手而求生存的自然界实例。在人性的丛林中,人人都想战胜对手,当敌我力量悬殊较大或势均力敌时,用伪装的方式欺诈对方,会使你达到自己的目标。可以说,伪装是一种计谋。

中国古代善于伪装自己的人有许多,司马懿是其中的一个。明帝曹睿在弥留之际,命司马懿和曹操族孙曹爽辅佐幼子曹芳。当时,曹芳刚刚8岁,大权自然落在曹爽和司马懿手中。

曹爽为防司马懿夺权,渐渐地培植自己的势力,夺了司马懿的兵权。司马懿见曹爽的势力控制了朝廷,于是就装病在家,不问朝政了。

一天,曹爽派下属李胜去司马懿家中探病。李胜来到司马懿养病的卧室,只见司马懿躺在病榻上,头发散乱,面容憔悴。一看李胜进屋,他忙挣扎着要坐起,一个侍女递给他外衣,司马懿十分用力地去接衣服,然而手一颤,衣服竟落在了地上。侍女忙弯腰帮他拣起,好容易才帮他穿上衣服。接着司马懿又以手指着嘴,侍女忙端来一碗稀粥,司马懿也不用手去端,伸长了脖子就喝,结果里一半外一半,胡子上都是稀粥和饭粒,前衣襟上还洒了一大片,侍女忙拿手巾来揩。李胜见状,忙往前凑了凑说:“只听人们说您中风病犯了,想不到竟病到这种程度。”司马懿上气不接下气地说:“唉!年老病重,离死期不远啦!”寒暄了几句后,李胜告辞。

司马懿用这种“装”的方法打发了曹爽一党后,见再也无人来问疾,便着手准备,加紧实施自己的计划。

公元249年,皇帝曹芳到洛阳去祭扫明帝的平陵,曹爽随皇帝出城。这一消息早有人报告给了司马懿,他一边派人再去观察,一边开始了紧张的部署。三个时辰一过,司马懿立刻让心腹分别夺取了城中禁军的兵权,占领了要害部门。一个时辰内,司马懿控制了京城和皇太后。一切就绪后,司马懿以皇太后的名义写信给曹爽,要求他保护皇帝回城,只要投降即可免杀。曹爽吓破了胆,不听手下人的劝告,竟然回城投降。不久,司马懿就以谋逆的罪名把曹爽兄弟及其亲信诛杀殆尽。从此,司马氏独掌朝廷大权,为篡魏自立、建立西晋王朝奠定了基础。

在上则故事中，司马懿装作衰弱不堪，使敌手麻痹大意，既保护了自己，最后又消灭了敌人，一举而两得，不失为非常高明的应变招法。强者装弱，由于在幕后的策划常常不为人所知，在台前的对手也就无法知道你的真实意图和具体打算。以暗处攻击明处的目标，几乎是百发百中，屡试不爽。

对于精明的做人高手而言，他们能以掩饰真相而达到自己的目的。怎样才能给别人制造一番假相呢？那就要看你对自己境况的估算，并采取什么样的策略了。

“装疯卖傻”是一种临危之时收敛锋芒、韬晦待机的应变战术。它既能有效地隐藏自己的真实意图，又能出人意料地获得成功。运用这种战术的分寸在于“装假”必须“成真”，必须做到天衣无缝，才能真正起到欺瞒对方，保护自己的作用。

在对方对信息颇为迷惑的时候，可以声东击西，制造假象，故意发布一些让对方上当的信息。发布信息要做到“假作真时真亦假”，这样假象也便被认为是真的了。

做人不能太单纯，应该懂得伪装自己。不懂伪装的人只能是明里吃亏，暗里受气，末了一无所获。要想保护自己，发展自己，就要懂得适时适度地伪装。做人表面可以单纯，但内心一定要存有“心机”。

别让“亲密无间”伤害你

在现实生活中，我们应该都有这样的经验和体会：一个你原来非常敬佩或喜欢的人，与其亲密接触一段时间后，对方的缺点就日益显露出来，你就会在不知不觉中改变自己对其原有的感情，甚至变得非常失望与讨厌对方。恋人、朋友以及师生之间都不例外。按理说应该是交往得越深，相互之间的人际关系也越好，可事实上并非如此。原因何在？这是因为在人际交往中存在着“距离法则”。

“距离法则”运用在人际关系中，便是人与人之间的相处不能距离太远，太远了关系会显得生疏、冷淡；但也不能距离太近，太近了关系太过亲密，势必会出现摩擦、厌烦，同样也不能更好地实施影响。

葛菲和顾俊是世界羽坛的“黄金搭档”。她们曾经在亚特兰大奥运会和悉尼奥运会上两次夺得女双金牌。尽管两个人的特点和球风都不一样，但技术的互补使得这对组合技术全面、相得益彰，比赛时更是默契十足。这对号称“无敌”的搭档，虽然在球场上共同训练了十几年，在场外却是私交甚少，不仅不住在一起，私底下竟然只一起吃过一次饭。

这是教练故意安排的，他生怕两位性格迥异的女孩由于脾气秉性的不同，相处过于亲密而发生矛盾，继而影响比赛成绩。事实证明，教练的做法是正确的。由于生活上极少来往，避免了这两个性格迥异的女孩发生种种矛盾的可能，保证了两人在比赛场上珠联璧合、连创佳绩。

在人际交往中，亲密一旦达到过分的程度就意味着疏远的开始。所以，为了避免这种过分亲密而带来的危机，就必须在心理上保持一定的距离，在经济上保持相对独立，在行动上避免形影相随。人与人之间的相处，的确需要有一些自由的空间，有时太过亲近，不小心失了分寸，就会造成彼此的紧张和伤害。所以与其与对方太接近而彼此伤害，不如保持距离，以免碰撞。

沈岚跟同事紫寒同时期进入公司，她俩以前的关系，简直可以用“如胶似漆”来形容。两个人一起吃工作餐，有时下班还会一起找个地方坐坐，或者相约一起逛街。沈岚对紫寒像闺蜜一样，什么心里话都会和盘托出，当时她根本就没有意识到这么做的危险。

上个月，部门领导找到沈岚，告诉她有可能会被提拔，所以要她马上给出一份部门工作意见。沈岚马上就把这个好消息告诉了紫寒。当时紫寒听到这个消息还祝贺她，并给了她一些建议。哪知当沈岚拿出自己的工作意见时，领导竟然说不用了。领导还指出她以往工作当中的一些失误，还说她

在背后抱怨领导是不对的。沈岚马上就意识到发生了什么，因为领导指出自己的失误、指出她在背后的抱怨，她只跟紫寒说过。领导还告诉她，主管的职位决定给紫寒。

沈岚当时就觉得五雷轰顶，被欺骗的痛一直折磨着她。现在她和紫寒已经从昔日的密友变成了陌路。从那以后，沈岚再没有和同事吃过饭，平常与同事也刻意保持着距离。因为她已知道，职场是危险的，绝对不能与同事成为朋友。想要那种无话不说的闺蜜，只能在远离工作场所的地方找！

所以不论多么亲密的朋友，最好还是要保持一定的距离比较安全。在现实生活中，由于利益得失关系到个人的生存和发展，人与人之间就会产生内心的竞争和排斥，即使是最好的朋友之间，也可能在切身利益面前取利而弃义。明枪易躲，暗箭难防。要记住，这个世界并不是总充满着温馨怡人的亲情和友情，在许多时间和场合还充满着伪情和欺骗。

因此，不要时刻把自己的透明度设置为百分之百。内心没有隐秘虽然能够显示自己的坦诚，但也会因此失去了应有的人际距离，无形中为以后的人际矛盾埋下祸根，从而导致人际关系方面出现压力，这种做法其实并不明智。

人与人之间的交往，一定要把握好分寸。尽管我们有着良好的愿望，希望自己所拥有的人际关系亲密度越高越好，但还必须记住“亲密不可无间，美好需要距离”。

第2章

别看着就是软柿子，没有气场总被人捏

人际交往中，最易被人欺的，都是有善良特质的老实人。此类人因为一切与人为善，不争不抢，不会拒绝，一味地听命于人，迁就他人，因此常被利用。单纯者要想在群体中确立起自己的地位，就必须转变自己的思维方式。在为人处事的时候，要表现出非凡的气度和力度，这样才能在激烈的社会竞争中立于不败之地。

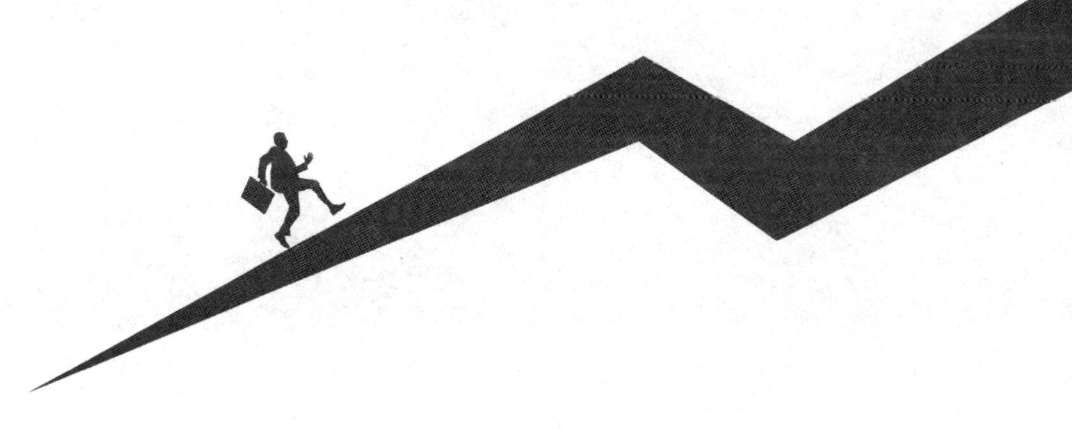

别陷入“人善被人欺”的境地

俗话说“人善被人欺，马善被人骑”，“马善”是说马温驯，而“人善”指的是人老实、善良、厚道、软弱、缺乏主见。在人际交往中，最易被人欺负利用的，就是善良温厚的老实人。

在职场上，总有这样一些人，他们总是被人呼来唤去，有什么累活苦活或者吃力不讨好的事总是叫他们去做，如果事情做砸了，就要被迫承担全部责任。他们一般胆小怕事，从不敢随便得罪别人。即使别人得罪了自己，也不会记恨在心，更不会以牙还牙，吃了亏也不会反抗，甚至成为职场里的“冤大头”。

老范是某公司最底层的老员工，他一向为人老实，对他人有求必应。

按规定，公司为员工提供中午的工作餐。员工在三楼工作，吃中午饭的时候都得下到一楼的厨房。老范出于好心，总是在吃饭前十分钟把三楼所有员工的饭提上来。起初同事们都非常感激。次数多了，他们就习惯了，下意识里以为这是老范应该做的。于是不但不感谢，有时候还吆喝：“老范，该吃饭了，下去拿饭！”

同事们不仅如此，还得寸进尺，吃完饭后都把自己的碗放在老范的办公桌上，要老范带下去。一天，同事们吃完饭依旧把碗交给老范。按照惯例，老范吃完饭喜欢打一下盹，然后再把碗送下去。可那天老范不小心睡过了头。恰恰这时，老总和客户来视察工作，看到老范桌子上堆满了碗筷，客户皱了皱眉头，心想，这个公司员工素质这么差，想必公司也好不到哪里去，于是委婉拒绝了和公司合作。老总把气全撒在老范身上，老范有口难辩，最后，公司把老范辞退了。而让老范感到寒心的是，竟然没有一个同事替自己说话。

这就是太善良者的下场。老实人在群体中不受人重视,经常出力不讨好,也很难出人头地,这与其本身所具有的性格特性是分不开的。

与人相处,和睦友好是原则,但如果对方原本就狂暴、粗俗、欺软怕硬,你大可不必一味地退让,更不能对他低声下气,那样,只会令他得寸进尺,更加不把你放在眼里。所以,你必须让他觉得你善良但并不软弱可欺。

欺软怕硬是人们的一种常见心理。虽然我们一生所遇到的人中大部分都是善良的,但世间除了善良的人以外还有很多"好战分子"。所以,你必须以坚定的姿态来捍卫自己的尊严。我们不要给那些挑衅者提供攻击的机会,要在善良的背面有坚定的心理支持。当自己的利益受到侵犯时,要毫不犹豫地站出来捍卫。

面对欺压凌辱,许多人选择了忍气吞声,这往往是由于他们患得患失,怕这怕那,自己在主观上先被吓倒了。而无数的事实证明,挺身而出,捍卫自己的正当权益才是正确的做法,跨过这道关卡,你会发现,一切没有什么好怕的。所以,我们要转变做人态度,不要过分老实软弱以至任人宰割。如果你是一个从不发火的人,请务必勇敢地进行一次真正的反抗,改变"受气包"的形象。

当你碰到吹毛求疵、强词夺理的欺人者,你可以用这样的话:"你刚才妨碍了我"或者"你埋怨的事永远也变不了",冷静地指明他们的不当行为。你表现得越平静,对那些试探你的人越是直言不讳,越能表明你并非软弱可欺。

即使是在可能会显得有些唐突的场所,你也应毫不犹豫地对蛮横无理的人坚定地提出抗议。你必须在一段时期内克服自己的胆怯和忍气吞声的心理。

总之,要不被人欺,就要武装自己;不必去攻击别人,但必须能保护自己。这是自卫之道,也是自强之道。

面对无理冒犯，你该怎么处理

在人际交往中，有些人总是时刻表现出一种傲气，他们自恃权力、地位、学识等方面的优势，对他人不屑一顾，有的甚至还恶意地侮辱、攻击他人。当这种人的行为给我们带来不愉快或者严重的伤害时，我们必须予以抵制而不让其继续恶性发展。

鲁迅先生讲过一个事例，颇有代表性：

你租借了别人的一间房屋，且是一间阴暗潮湿的老式房子。房东眼中只有钱，丝毫不为你的健康和舒适考虑。

你哀求房东："开一扇窗户吧！"房东不肯。

你说："工钱我来付。"房东还是不肯。

这时，你就应该提一把镢头，上到房顶，然后说："我要在房顶上开一片天窗。"

这时，房东会怎样呢？房东会急忙喊道："千万别刨房顶，咱们还是开一扇窗户吧。"

由此可见，出于处世的需要，即便本来并不恶的人也得故意装出恶人的形象来保护自己。如果一副懦弱相，看上去毫无保护自己的力量，恐怕就会惹人欺负，但是你一"恶"起来，效果也许就不一样了。你仅凭一副"恶"相就会使那些欲行不轨者退避三分了。

在正常情况下，一个人不宜惹是生非，应尽量保持平和。但有些时候、有些人正是摸准了人们这一心理，才硬拿不是当理说，目的就是欺人。所以，面对对方的野蛮粗俗和无理的冲撞，必须以"恶"碰恶，据理力争，绝不能软弱迁就。你要是此时还一味隐忍，那就会付出比一般人更大的代价。

在现实生活中，有些人自视高人一等，什么道德规范，甚至法律法规统统不放在眼里，张狂放肆、为所欲为。面对这种人的威胁，你千万不要被其嚣张气焰吓倒，只要你看准软肋、抓住要害，坚决反击，是可以把邪气压下去的。

一天，一位盛气凌人的女人酒后驾车、逆向行驶，与一辆出租车相撞，肇事后企图逃逸，被交警截获。交警要对她做酒精测试，按酒后驾车肇事处罚。她坚持拒绝测试，不接受处罚，并用威胁的口吻吼叫："你们知道我是谁吗？我是县政法委书记的太太！你们敢乱来，砸了你们的饭碗！"

交警小许不动声色，客气地问："您丈夫是？"

"高岩书记"，女人傲气十足地说，"你们的顶头上司！"

"哦，原来是高副书记，老领导了。"小许从容不迫地反击，"高书记前天还到我们交警队检查工作，特别强调交警一定要秉公执法、铁面无私，在法律面前人人平等。我们坚决按高书记的指示办，请您支持我们的工作！"

"你们一点面子都不给吗？"女人的口气软了一点，但仍然不愿意接受处罚。

"高太太不支持我们的工作，我们只好打电话直接请示高书记了。"小许的语气客气而坚定，正要拨电话，那女人急忙按住电话机，说："我认罚还不行吗？倒霉！"

面对威胁恫吓，交警小许态度坚决、正气凛然；讲究策略、反击有方。他摸清对方确实是领导的亲属之后，以领导之"指示"还治其亲属之身，驳得对方哑口无言，低头认罚。小许的应对，可以说是得体、成功的。

做人要有棱有角，要敢怒敢言敢做自己想做的事。如果一味地听命于人，迁就他人，委屈自己，就会失去自我。这样的人虽然甘居人下，却也得不到别人的欢迎；有些人即使事业有成，也终会被小人暗算。文学大师李敖在《好人坏在哪里》一文中写道："我们从小就被教育做好人，训练做好人，长大以后，有的自信是好人，有的自诩是好人，有的自命是好人，他们从小到老、从老到咽气，一直如此自信、自诩或自命，从来不疑有他。但是，他们真是好

人吗？深究起来，其实不见得。”李敖告诉我们，好人太单纯，他们只想独善其身，不敢也不愿与坏人较量，结果总是受坏人欺负。

在社会交往中，对恶意进犯的人，自不必拼个两败俱伤，打草惊蛇就可以自卫；对那些粗鲁冒犯你的人，有时只需敲山震虎即可。但当对方得寸进尺、步步紧逼时，你不妨拉出一副鱼死网破的架势，这样他就不得不考虑一下后果，收敛自己的行为。所以，在遇到恶人的时候，你不妨以“恶”碰恶，坚决反击。

别只会做好脾气的人

有句古话说：“气血之怒不可有，理义之怒不可无。”就是说，人不应当意气用事，随便发怒，但为大义真理而动怒却是不可少的。理义之怒的积极作用，就在于它以愤怒、严厉的措辞，来表达自己鲜明的态度和公正的立场，它有很强的刺激性和震撼力，能给对方施加强大的心理影响，进而迫使对方改变行为模式。因此其特有的交际价值是不应否定和忽略的，如果运用得当，会收到特殊的效果。

人在职场，磕磕碰碰的事总是难免，处理不好就会进退两难。单纯者遇事往往保持沉默的态度，从不轻易地发脾气、动怒，所以在职场上经常吃亏，受刁难。在某企业做部门经理的小肖对此感受颇深。他当了部门经理之后，几次重要决策都被手下的人搅黄了，原因就是他的脾气太好，一向温和。这使下属行事无所顾忌，觉得反正也不能把他们怎么样。几次之后。小肖感到非常憋气。痛定思痛，在认识到自己的问题所在后，他有意改变自己的形象，说话粗声大气，甚至有时还当众发火，措辞严厉。没想到从此反而有令必行，创造出了业绩。

沉默是金，不过总是沉默，不是天生哑巴，就是懦弱无能，必要时，发点儿火，还真能显示出强者的风范，须知人没有威严是不行的。有人说“没有愤怒的人生是一种残缺”。当尊严被践踏、信仰被玷污时，还不发怒，那又何以为人！对于向你挑战的人，先硬还是先软，则要因事、因时、因人而异。

1963年，曾宪梓在哥哥的多次催促下，动身来到了泰国，商谈怎样处理父亲的遗产。曾宪梓的叔父曾桃发听说了这件事，以为曾宪梓肯定是与其哥哥联手来对付他，于是便决心先下手为强。

一天早晨，曾桃发将其他几个兄弟以及曾宪梓一同邀请到了自己的公司里。待所有人就位以后，叔父们便一改初始亲切温和之相，对曾宪梓纷纷大加指责：“你看你，像什么话，一点道理也不懂。来了泰国这么久，也不来拜见叔父、叔母。你这算什么？真没规矩！”

其实，曾宪梓来泰国的当天便执晚辈之礼拜见了叔父叔母。因此，叔父们的劈面训斥令曾宪梓一头雾水。叔父们见曾宪梓无言以对，认为其自认理亏，就毫不留情地把曾宪梓骂了一通。这时，血气方刚的曾宪梓终于忍耐不住了，作了黑脸的莽汉，大发雷霆：“你们简直是太不像话了！我本来是非常尊重你们这些叔父的，但是冲你们这番血口喷人的话，你们就再也不配得到我的尊重！”

曾宪梓一番理正辞严的言语，令原本气势汹汹的叔父们顿时气萎势缩。但，倘任由怒火信马由缰，刚言怒语如决堤洪水一泻不收，便有可能使原本已有的胜势转瞬即逝。于是，曾宪梓又不失时机地给叔父找台阶：“叔父凭着自己的劳动，凭着自己的智慧，才能建立像今天这样庞大的事业。对此，我从心里感到佩服。你们是我叔父，有什么话跟我说，喊一个小孩把我叫来就可以了。”

曾宪梓的这番话，既充分肯定了叔父们的经商能力，又由衷地表明了自己对叔父们的佩服之情。言不巧语不媚，很快拉近了两代人之间的心理距离，令叔父们激动得喃喃而语：“好侄子，好侄子！”原本剑拔弩张的气氛瞬间化为乌有。

适度适时发火是需要的，特别是涉及原则问题或在公开场合遭遇难堪时，必须以发火压住对方。对待有些人，如果一开始就软，他必然认为你好欺负，而对你更加强硬；如果你硬到底，他下不来台，来个“死猪不怕热水烫”，你也没办法。真正聪明的人，应该红脸白脸都唱得，适时发怒也懂得及时善后。

义愤之言毕竟是情绪激动状态下的即兴之变，如果不善于控制，任其发泄，就会起反面作用。因此，具有积极作用的怒言，来源于极大的理智上的克制。这种克制体现在以下几方面。

1. 发怒的状态要适度

不可“怒发冲冠”，不能“怒不可遏”，而应“怒不失态”，恰到好处。

2. 怒言谈吐有分寸

盛怒之下，语调难免高昂，但不要挖苦揭短，侮辱人格。发火不宜把话说过头，不能把事做绝，而要注意留下感情补偿的余地。

3. 发火之后，及时善后

“怒”到一定程度，就要适时地消火降温，转换口气，缓和气氛，不能“得理不让人”，一怒到底。如果任由怒火放纵，一怒而不可收，即使你的动机再好，恐怕也难免把事情搞糟。

智慧地开展你的反驳

在生活和工作中，我们常常会遇到一些出言不逊的人。出言不逊的原因各异，但有一个共同点，就是感情冲动。我们切不可被对方几句粗言谬语激怒，失去理智，而要保持清醒的头脑，对不逊之言做出得体的应对，既维护自身的尊严，又使交际活动正常进行。

当你遭到别人刁难时，总的原则是明辨事理、言语得体。你若是怒气冲天，就会加剧矛盾，最后两败俱伤。你若是一味退缩，则会使对方觉得你软弱可欺，从而变本加厉地嘲弄你。这时你的办法就是运用语言的艺术去反驳他，使对方自陷难堪，哑口无言。

民国时期，有两个外国人私自到陕西的终南山打猎，打死了两头珍贵的野牛。时任督军的冯玉祥把他们召到西安，责问道："你们到终南山行猎，领到许可证没有？"

他们回答说："我们打的是无主野牛，用不着通报任何人。"冯玉祥听了，训斥他们说："终南山是陕西的辖地，怎么会是无主呢？你们不经批准私自行猎，就是违法。"

两个外国人狡辩说："这次到陕西，在贵国发给的护照上，不是准许带枪吗？可见我们打猎已经获得贵国政府的许可，怎么是私自打猎呢？"

冯玉祥反驳说："准许你们携带猎枪，就是准许你们打猎吗？若准许你们携带手枪，难道就表示你们可以在中国境内随意杀人吗？"

其中一个外国人不服气，继续说："我在中国 15 年，所到的地方没有不准打猎的，再说，中国的法律也没有规定外国人不准在境内打猎。"

冯玉祥冷笑着说："的确是没有规定外国人不准打猎的条文。但是，难道就有准许外国人打猎的条文吗？你 15 年没遇到官府的禁止，那是他们昏庸。现在我身为陕西的地方官，负有保家卫国之责，就非禁止不可！"

听着冯玉祥将军理直气壮的话语，看着他正义凛然的面孔，两个外国人只好低头承认了错误。

对付蛮横无理的人，正气凛然、咄咄逼人的话语的确具有非凡的效果。若你畏畏缩缩、矮人一截，不敢和无理之人针锋相对，他就不会把你的意见当成一回事。反之，如果你理直气壮、据理力争，在气势上压倒对方，对方自觉理亏，就会接受你的意见。

在日常交往中，如果不同意对方的观点，应善于寻找反驳的最有利的突破口，这样就能一箭中的，轻易地驳倒对方。

1. 反唇相讥

通常用在对敌论辩中，或者外来的攻击忍无可忍之时，再不以牙还牙，以眼还眼，就会丧失人格了。这时的攻击锋芒不但不可钝化而且应该锐化。越是锐化，越是淋漓尽致，越有现场效果。而现场效果最强的方法则是反戈一击法。在反戈一击时，要善于抓住对方的一句话、一个比喻、一个结论，然后把它倒过来去针对对方，把他本不想说的荒谬的话、不愿接受的结论用演绎的逻辑硬塞给他，叫他推辞不得，叫苦不迭，无可奈何。

德国大诗人海涅是犹太人，常遭到无理攻击。一次晚会上，一个旅行家对他说："我发现了一个小岛，岛上竟然没有犹太人和驴子！"海涅镇静地说："看来，只有你和我一起去那个岛上，才能弥补这个缺陷！"

2. 以矛攻盾

即借用对方所说的话或者承认对方的话来反击对方，这样就可以起到以敌制敌的效果。借言反驳通常情况下有两种，一是可以借用对方原来所讲过的话来进行反驳；二是可以借用对方语言的句式，"将话答话"。

3. 假言归谬

假言归谬就是先假设对方观点是合理的，然后将对方看似合理的论点加以引申，再推出对方观点不合理的地方。

王蒙在纽约进行学术交流时，有人向他提问："据说中国每公开出版一本新书，都要通过政府的审批，是真的吗？"王蒙回答："就是政府想那样做，也是不可能的。全中国每个月要出版一千多部小说，都要审批一遍的话，那么中国政府可以说就成了读者俱乐部了。"

别总是不好意思说"不"

"不"这个字再好写不过，但放到人与人之间的交往中，却很不容易说出口。很多单纯者或因为感情因素,或因为个性关系,或因为时势所迫,不敢也不愿把“不”字说出口,因而总让自己吃亏。

小陶是个公认的老实人,朋友向他借钱,他总是无法拒绝,怕说了“不”会伤害对方,更怕说了“不”,与对方日渐疏远。他的朋友们深知他的秉性,手头不便就向他开口,当然有借有还的占大部分,但有借无还的也有人在。小钱不还倒也无所谓,但有一天,有人向他借了一大笔钱,小陶没勇气说“不”,结果那人拿了钱,人就不见了。

总对他人有求必应,没有勇气说“不”,就会促使对方得寸进尺,步步紧逼,自己遭受损失的可能性相当高;而最重要的是,“不”会越来越难以说出口,而一旦说出口,常常招致更大的不满。

常德大学毕业后,顺利地找到了一份工作。为了尽快与同事搞好关系,他对同事们的要求几乎没有拒绝过,有时还主动为同事分担工作,结果他迅速变成了办公室里最忙碌的人。买早餐、办杂事、送快递等,各种琐碎工作让常德自动升级成高级打杂,完全没有时间做他的本职工作。

上周日,有位同事因为要去相亲,想让他代班,他家里不巧有事就拒绝了对方。之后,同事明显冷落了他,甚至背后议论他说:“领导的事情有求必应,同事的请求就摇头拒绝。”常德觉得委屈:“我帮他是情分,不帮他是本分!”他并不知道,当习惯成自然的时候,再想说“不”就难了!

很多时候,我们因为害怕拒绝别人,就一直在伤害自己。其实成功的人都是那些敢于说“不”的人。著名作家毕淑敏说过这样一句话:“拒绝是一种权力,就像生存是一种权力。”人们常常以为拒绝是一种迫不得已的防卫,殊不知它更是一种主动的选择。要做一个敢于说“不”的人,才能活得更轻松无碍。

其实,在自己确有难处,或者如果答应别人的要求自己的利益会损失很大的情况下,我们就应该拒绝别人,坚定而巧妙地将“不”字说出口。

1. 勇敢地说“不”

有人认为受人之托,倘若拒绝,面子上过不去,若不拒绝又实在无能为

力，只好勉强答应，结果事后反悔的情形就相当常见了。

事实上，碍于面子不敢说“不”其实是自己意志不坚。这些人通常认为拒绝对方的请求未免显得太过无情。而若是在答应后觉出力不从心时，再改变心意拒绝对方，显然已经太迟。因为，等无法做到允诺的事情时再提出拒绝，给人的印象更糟，甚至需要付出相当的代价。如果这件事只限于个人的烦恼，还称得上不幸中的万幸；若因此事与对方产生怨恨、敌视，演变成双方人际关系上的对立与冲突，岂不损失更大？所以，视情况说“不”是十分必要的。

2. 温和坚定地说“不”

所谓“坚定”，是指不动摇，即你的意思要明确地表达出来，让对方知道你的决心。学会说“不”的实质也就是学会以坦率、诚实和恰当的方式表达你不愿意不可以做某件事的态度。为此，第一步就要学会多用下列短语：“我喜欢你这样做”“我不喜欢你这样做”；“我很高兴你这么说”“我不高兴你这么说”；“我要你做……”“我不要你做……”。

3. 友好地说“不”

你想对别人的意见表示不同意时，要注意把对意见的态度和对人的态度区分开来——对意见要否定，对人则要热情友好。

合理拒绝他人能显示出你对他人和对自己的尊重。敢于说“不”，才能获得真正的交流、理解。学会拒绝，你就掌握了生活的主动权，就会生活得更加轻松自如。

别总不好意思与人争

面对各种利益，单纯者总是“不好意思”争。这是源于其观念上的束缚。

这类人想当然地认为，只要遵守原则，就自然会得到想要的结果，去争抢是对原则性的一种违背，是不道德的也是不可取的，因此就从思想上失去了进行争斗的勇气。他们误以为，不争不斗获得利益是最好的方式，最安全，也最合理。

单纯者不敢争，直接的原因就是害怕承担后果。毕竟争取任何利益都要冒一定的风险，甚至付出一定的代价，他们被想象中的后果所震慑，从此便变成了软弱者。在现代公司中，常有这样的人，明明为公司做出了突出的贡献，却总是与提升的机会失之交臂，扮演着被人遗忘的角色。这些人大都是安分守己的规矩人，在工作上任劳任怨，在生活上严谨自律。他们以为办好事，做好人就必然会有好的结果，也就是说，只要自己做了工作，有了成绩，领导自然就会安排自己的利益，因此没有必要去跑出去争取。

小安是从农村来的打工仔，他家境贫寒。尽管他的工作能力不比谁差，但每当大家对公司的升职机会和各种福利待遇摩拳擦掌的时候，他总是尽量退让。按理说这样的老好人应当得到老板的赞许，但并不是这样。有一次老板在酒后提起小安，竟然表示：他什么都不争取，是不是并不看重这份工作？他总是在回避，是不是没有进取心？

有许多对现实认识不清的人，总是希望在对利益的退让中塑造自己的良好形象，殊不知这样一来，却让人对你的信心打了折扣，对你的能力产生怀疑。这类人在认识上有一个误区，认为“争”便是不道德，因为道德的行为是讲究无私奉献，只讲付出、不求索取。但事实上，争取自己的分内利益是一个与道德无关的问题，反而是推动事业发展和个人进步的必要方式。

造就成功者的原因很多，而是否能积极保卫自己的劳动成果、随时为自己争取更好的待遇是其中重要的一项。现代社会更注意实效，只要你的业绩出众，老板其实更乐意把手中的利益作为激励的手段。换句话说就是，公司并不排斥爱争的人，只要跑得快，吃得多些也无妨。

欧达和方森是大学同学，毕业后，他们同时应聘到一家外贸公司工作。

方森的工作能力很强，但他不习惯为自己争取利益，遇到好的机会总是

回避、退让，因此一直不被领导注意，薪水也一直原地踏步。

欧达热情、外向，工作积极肯干，总是不等领导吩咐就把工作做好了。同时，对于加薪、升职、带薪旅游等关系到自身利益的事，他也充满兴趣，他总是不断地对领导和同事们表示，自己努力工作，就应该得到那些奖励。有一次，他甚至在电梯上直接向老板询问年终长假旅游事宜，表达了自己热切的期望。

两年过去了，欧达和方森的差别越来越大，当欧达已成为部门主管的时候，方森的待遇依然和实习生差不多，这就是他让而不争的结果！

一位作家说过："过分退让就是愚蠢。"这个道理是适用于职场的。如果说争而不让是小人，那么，让而不争就是弱者。争，可以说是生存与发展的基本方式，如"竞争""斗争""争论"等都是为了"争"得一定的位置、一定的利益。一个人如果没有一点"争"的意识，不讲原则，不分是非，万事皆让，逆来顺受，就会导致软弱可欺、任人宰割，那就什么也得不到。只有主动争取才会有所收获。

要想参与竞争并获得胜利，就得敢争敢抢，敢说敢干。生活中有很多吸引人的东西，比如成功、名位、财富等，你喜欢它们，就要大大方方地站出来，表明自己拥有它们的资格。有许多抱有单纯想法的人，常常会以为"是你的就是你的"，与人争抢总显得有点儿不够高姿态。其实，"物竞天择，适者生存"是生物界的规律，也是我们的社会发展的法则。争取自己的利益是合情合理的正当行为，竞争并不影响你的个人形象。

单纯者要想在群体中确立起自己的地位，就必须使自己的思维、处世方式实现一个根本性的转变。有时可以让，让的目的是为了争。在争中让，在让中争，二者融会贯通了，才能在激烈的社会竞争中脱颖而出。

第3章 别锋芒太露不顾他人，有才最是招人嫉妒

做人需要有锋芒，在适当的场合显露一下既有必要，也是应当。然而物极必反，过分张扬及表现，就会给自己增添重重阻力，甚至导致失败。不管我们处在什么位置，都要在人生舞台上唱低调，在生活中保持低姿态。这既能有效地保护自己，又能充分发挥自己的才华。凡事不要太张狂太外露，这不仅是有修养的表现，也是生存发展的策略。

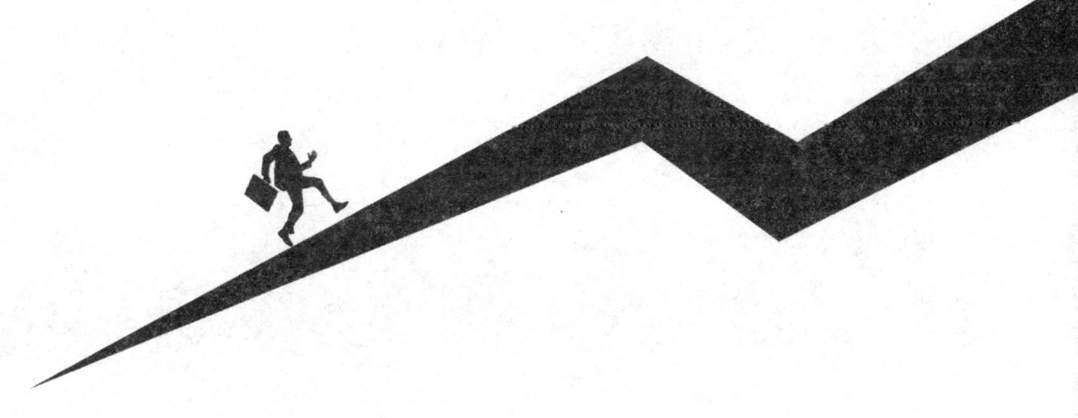

别因才华招致他人的嫉恨

在当今社会，张扬仿佛已经成为一种时尚，人们做什么事情似乎都希望引人注目、受人关注。初入社会者年轻气盛，接受新知识新观念快，富有开拓创新精神，这是一种难得的优势，但如果把这种优势误作为恃才傲物的资本，就很容易走入狂妄自大的误区。

做人需要有锐气，在适当的场合显露一下自己既有必要，也是应当。然而物极必反，过分外露自己的才华只会导致自己的失败。才华犹如一把双刃剑，可以刺伤别人，也会刺伤自己。很多时候，锋芒太露都会招致他人的嫉恨和陷害。

三国晚期诸葛亮的侄子诸葛恪，在很小的时候就展现出了非凡才华，大家都认为他的才能超过了其父诸葛瑾。但是，诸葛瑾却并不为这一切感到高兴，反而觉得诸葛恪会给家族带来不幸。原因何在呢？诸葛瑾说："他太爱表现自己了，锋芒过于外露，终将引来祸端。"果不出父亲所料，诸葛恪长大掌权后，目中无人、独断专行、以才压人，最终引起众怒，被大臣们设计害死，牵连家族也遭到诛灭。

在这个世界上，才华出众却被排挤、打击的人随处可见。才华是一个人成功的基础，一个有才华的人能得到较多的表现机会。但一个有才华的人过于炫耀自我，压制了他人的表现空间，损害了他人的利益，就必然会招致众人的一致嫉恨。如果发展到这一步，前途和事业就非常危险。所以，我们没有必要行为张扬，锋芒太露，那样只会影响自己事业的发展，甚至会带来不必要的伤害。

通过了层层关卡后，黄元应聘到某行政部门工作。他自我感觉非常好：

自己学历高,沟通和工作能力都很强。

黄元每天工作起来风风火火,工作完成得也很出色,有时对领导的决策也提出自己的看法,他还特别喜欢对外联络工作和企业大型文体活动的组织工作,与其他部门混得很熟,可以说在方方面面都很抢眼。

一次,行政总监召集行政部门开会。当他问到企业年终大会活动的策划要点时,还没等主管发言,黄元就忍不住把自己的想法和盘托出,并说,这些想法已经和人事部门的负责人做了交流……

还有一次,黄元了解到某部门对行政管理条例发布后的反馈信息时,主管恰好不在,他就径直把意见告诉给了行政总监,然后由行政总监传达给主管。主管接到总监信息后很恼火,责怪自己的助理没有及时将信息传达给他,黄元坐在一边不敢说话。

几个月后,领导宣布了人事任命,黄元没被留下。黄元听了这个消息感到非常惊愕,他想不通自己怎么会被炒了呢?

初入职场,在新人看来,努力把自己最优秀的一切都展现出来是理所应当的,殊不知,太过锋芒毕露反而会给人留下激进的印象。到了一个新工作环境后,许多人都急于显露自己的才能和实力,盼望尽快得到他人的认可,因而表现得急于求成。但是,过早地卷入竞争,也会形成某些潜在的被动和危险。在错综复杂的社会里,时机未成熟或环境不利于己时,刻意或者是无心地炫耀才能不仅会招致旁人的嫉恨,并且会被认为是轻浮。暴露自己的实力的同时,也会显示自己的缺陷,以致在竞争中处于被动境地,被过早地淘汰出局。

如果说一个人总是喜欢显露自己的才干,表现自己的优秀,那么他必然会遭受很多的挫折,这是做人太单纯、不谙世事的表现。在现实生活中,做人应当适当隐藏自己的锋芒,以避开一些明枪暗箭。身处职场,即使你再有能力,你的同事都不会真心地夸赞你。理由很简单:在学校,你的才华并没有干涉到别人的利益;而在同一单位,你有能力,表现突出,你的同事就势必会显得没有能力,那么他的待遇等都会因为你的表现受到影响。

作为一个职场新人，尤其是一个有才华有前途的人，要学会隐藏自己，所谓的“才华须隐”不仅是一种生存方式，也是一种竞争的方式。在名誉、利益面前，尽量不要表现得过于热衷，以避免成为众人嫉妒、排挤的对象。即使有所追求，也应该在表面上含而不露，应该通过为人与处世的技巧去赢得他人的认同。

低调行事，懂得适时低头

古人云：“海不辞其水，所以盛其大。”大海之所以能够容纳众多河流，是因为总能放低自己的位置，所以变得博大而精深。纵观古今，那些有所作为者，他们所信奉坚持的往往是一种低调的处世原则。事实上，相对于高调的行事方式，低调处世更保险。

有人问古希腊大哲学家苏格拉底：“您是天下最有学问的人，那么您说天与地之间的高度是多少？”苏格拉底毫不犹豫地回答：“三尺！”那人不以为然：“我们每个人都五尺高，天与地之间只有三尺，那岂不是要顶破天了吗？”苏格拉底笑着说：“所以，凡是高度超过三尺的人，要长立于天地之间，就要懂得低头。”

人生要经过无数门槛，洞开的大门并不完全适合我们的躯体。在厚重坚固的“门框”前面，如果趾高气扬，小觑或无视生活有意无意设置的低矮“门框”，末了只能碰得头破血流，成为一个失败者。鉴于此，面对生活道路上横生的低矮门框，我们要学会低头，甚至是伏地而行，这样就能顺利跨越，免受无谓的伤害。

其实，暂时的低头并不意味着自降人格，更不表明放弃原则和失去自尊，而是一种艺术的处世方式，也是智慧的表现。一时的低头是为了长久的抬头，正如暂时的退让是为了更好地前进。

刘备一生中曾低过三次头，这“三次低头”为他日后的宏图大业奠定了基础。

一低是“结交异己”。与他在桃园结拜的人，一个是酒贩屠户张飞，另一个是正在被通缉而流窜江湖的关羽。而刘备曾被皇上认作皇叔，却肯低头与他们结为异姓兄弟，这样一来，刘备犹如得到了左膀右臂，极大地促进了自己的事业。

二低是“三顾茅庐”。刘备肯于降低身价，前后三次登门求见未出茅庐的诸葛亮。不说身份地位，只论年龄，刘备也称得上是长辈，他连吃了两次闭门羹，连关羽和张飞都在咬牙切齿，他却毫无怨言，甘心再低一次头。这次的低头，使他得到了一个千古名相。

三低是“礼遇张松”。张松本来是想卖主求荣，把西川献给曹操。但曹操自从打败了马超之后，志得意满，竟数日不见张松，一见面就要将他治罪，差点将其处死。而刘备派赵云、关云长迎候张松于境外，自己亲迎于境内，大摆宴席招待他，依依不舍送别他，甚至要为他牵马相送。张松深受感动，终于把原本打算送给曹操的西川地图献给了刘备。这次低头，让刘备不费吹灰之力便得到了西川。

刘备胸怀大志，却能平易近人礼贤下士，因此慢慢成就了自己的基业。在为人处世上，刘备高人一筹，他没有所谓的官威、架子，懂得适时低头，因此终生受益。

我们平凡人要做到能高能低，实属不易。如果能懂得偶尔低头，就很不错了。懂得适时地蹲下，就是一种再跃起的预备。学会该低头时就低头，能巧妙地穿过人生荆棘，这既是获取成功的一种策略，也是立身处世不可缺少的修养。当你的事业愈大、地位愈高时，就愈要懂得“低头”的哲学。一个人愈懂得谦虚恭敬，就愈能拉近和别人之间的距离，而且更易于彼此的沟通与交流，也更容易让对方从心理上接受你。

帕金斯30岁那年就任美国芝加哥大学校长，有人觉得他年轻太轻，怀疑

他能否胜任大学校长的职位。他知道后，只说了一句话：“一个 30 岁的人所知道的是那么少，需要依赖他人的地方是那么多。”就这短短一句话，使那些原来怀疑他的人一下子就放心了。人们遇到了这样的情况，往往喜欢尽量表现出自己比别人强，或者努力地证明自己是有特殊才干的人。然而智者是不会自吹自擂的，他们懂得“自谦则人必服，自夸则人必疑”这个道理。

我们应时刻学会低头，懂得低头，敢于低头。不管处在什么位置，都要明白，在广阔的社会舞台上，我们只是一个小角色，无论处境如何，都要在生活中保持低姿态，把自己看低些，把别人看重些。即使“会当凌绝顶”，也要记住低头。因为，在你所经历的漫长人生旅途中，总难免有碰头的时候。

放低自己才能博采众长

身处职场，我们需要成长，需要不断发挥自身的潜能，去实现自我价值，而善于汲取他人的经验及智慧又是我们不断向前、尽快实现自我价值的捷径。因此，我们要虚心地向别人请教，以提高和完善自己。无论怎样，都要找到值得学习的对象，并以开放的心和受教的态度向这些人学习。

我们需要掌握的知识、技能是无限的，而一个人的聪明才智是非常有限的。你可能才华横溢并且工作能力卓越，但如果只知道一味高调，可能就因为你的“出众表现”得罪同事和领导。因此，不管你能力如何，都应该时刻谨记“谦虚使人进步”，这样才能博采众长，快速成长。

一天，青年宏志千里迢迢来到法门寺，向主持释圆诉苦说：“我一心一意想学绘画，但许多人都是徒有虚名啊，我至今没有找到一个能令自己满意的老师！”

释圆听了这番话，淡淡一笑说：“老僧不懂绘画，最大的嗜好就是爱品茗饮茶,尤其喜爱那些造型流畅的古朴茶具。既然施主的画技不比那些名家逊色,就烦请施主为老僧画一个茶杯和一个茶壶吧。”宏志一口答应下来。于是他调了一砚浓墨,铺开宣纸,寥寥数笔,就画出一个倾斜的水壶和一个造型典雅的茶杯。那水壶的壶嘴正徐徐吐出一脉茶水来,注入那茶杯中去。宏志问释圆:“这幅画您满意吗?”释圆微微一笑,摇了摇头。

释圆说:“你画得确实不错,只是把茶壶和茶杯放错位置了。应该是茶杯在上,茶壶在下呀。”宏志听了,笑着说:“大师为何如此糊涂,哪有茶壶往茶杯里注水,而茶杯在上茶壶在下的?”释圆听了,又微微一笑说:“原来你懂得这个道理啊!你渴望自己的杯子里能注入那些丹青高手的香茗,但你总把自己的杯子放得比那些茶壶还要高,香茗怎么能注入你的杯子里呢?只有把自己放低,才能吸纳别人的智慧和经验啊。”

人要想在学业上有所精进,不仅需要谦逊,而且还要有雅量,要放下架子,虚心求教。

常言说,留心处处皆学问。生活中,我们身边能力强的人很多,他们的言行举止都是我们所应注意观察和学习的。这就需要我们在为人处世时虚心向别人请教,以提高和完善自己。

结识他人最简单有效的方法,就是以低姿态向对方请教某事。即使是关于工作上的秘诀,但凡受人央求指导时,几乎没有人会拒绝。当你表现出大智若愚,使对方陶醉在自我感觉良好的气氛中时,你就已经成功了一半了。

美国第28任总统伍德罗·威尔逊恃才傲物,对别人的意见根本不在意,要么不采纳,要么不理会。但他的顾问霍士的屡屡进言却被采纳。那么,霍士是怎样把计划移植到威尔逊心中的呢?他常常走进总统办公室,以一种请教的口吻提出建议:“总统先生,不知道这个想法是否……您觉得这样做还有什么不妥吗……我们是不是这样……”就这样,霍士把自己的思想不露痕迹地灌入威尔逊的大脑,使他加以完善并付诸实施。

学会在适当的时候,保持适当的低姿态,谦虚地向人学习及请教,这是

一种聪明的处世之道。人世繁杂，为了不结私怨不招灾祸，就要以低调的姿态入世，于人于己都要留条退路，随时向他人请教，这样才能赢得人心。在高度竞争的社会中，这似乎显得平庸委屈，实际上却是一种极佳的处世智慧。

自认怀才不遇的人，往往看不到别人的优秀；愤世嫉俗的人，往往看不到世界的美好；只有敢于低头并不断否定自己的人，才能够一直吸取经验教训，让自己不断地成长与进步。

别让你的优秀否定同事的能力

职场中流行这样一句话："同事就是同时争抢一件东西的一群人"。从逻辑上来说，你的优秀就等于否定了同事的能力，他们自然会感到压力重重。有了这种认识，你就应该明白，你的出色表现可能随时会招来同事们的嫉妒，嫉妒你的职位、工作能力以及受领导的赏识程度等。

遭人嫉妒当然不太好，但你必须要面对这种局面，并且要想办法处理好。虽然你不一定能在短时间内消除他人心中的妒火，但是可以通过一些方法使它降低到某一均衡点，这样至少能保证你可以安心工作。其实，任何一种行为，都有一种心态在背后支撑。试想一下，一个人在生存竞争中处于劣势，他必定会对处于优势的人产生一种嫉妒心，甚至于报复心。但如果处于优势的你能够弱化你的优势，淡化你的成就，是不是会令嫉妒你的人有所改变呢？偶尔示弱一下，可能会收到好结果。

某管理学院的系领导魏彪就很懂得"示弱"之法。他初任系主任的时候，有一位很有能力的同事经常跟他过不去，但他没有针锋相对，而是采取了"示弱"的办法。他亲自登门找这位同事交谈，承认了自己的弱点和不足，最后说:“我本人不管是在教学上,还是管理上,都缺乏经验,主持系里的工作,是赶鸭子上架,还望你尽力帮助。”他抬高别人,贬低自己,故意示弱,收到了将妒火熄灭的效果,那位教授后来不仅不再为难他,反而成了他的左右手。对妒恨自己的人,不但不能以牙还牙,相反要以德报怨,这是化解嫉妒的一步妙棋。

示弱是强者在感情上体贴暂时在某些方面处于劣势的弱者的一种有效手段,它能使你身边的弱者有所慰藉,心理上得到平衡,因而减少或抵消你前进路上可能遇到的消极因素。事业上的强者都懂得示弱。

一次,某公司的邓延因为成绩突出而获得优秀员工奖,在全公司的表彰大会上大出风头,引起众人的关注。原本每年这个奖总是郑阳的,可这回他却落选,自然情绪不高。散会后,郑阳不无妒意地握着邓延的手笑着说:“祝贺你呀,感觉不错吧?”邓延很机敏地回答说:“我还是头一次见这么大的场面,面对那么多的领导,说实话,讲话的时候我还真有些紧张,生怕什么地方说错了。我要能像你那样就好了,每次在台上都那么镇定自若,你有什么秘诀呀?”郑阳听后不禁暗自发笑,真是没上过台面,讲几句话还这么紧张。这样一来,他心中的那种隐隐的嫉妒心,明显淡化了许多。

邓延的做法可谓聪明,他抓住了郑阳的心理,只几句话就迎合了他的优越感,化解了对方的嫉妒。

身在职场处于优位,自然是可喜可贺的事。如果别人一奉承,你就马上张狂外露,这就会无形中引起别人的不满。所以,面对他人的赞许恭贺,应谦和有礼,这样不仅能淡化他人对你的嫉妒心理,还能赢得众人的好感。例如,你是单位里新来的员工,学历很高,工作能力也很强,难免会引起一些工作多年却前景平平的老员工的强烈嫉妒。这时,你若坦诚地公开、突出自己的劣势:人际经验一点都没有、对单位的情况很不熟悉等,再辅以“希望您多多指教”的谦虚话,无疑会有效淡化自己而衬出对方的优势,减轻其对你的嫉妒。

在事业和竞争中,为了取胜,当然不可以弱示人。但在特定情况下故意

示弱，却是会做人者必须修习的功夫。当你处于优势时，注意突出自己的劣势，就会减轻嫉妒者的心理压力，使他产生一种“哦，他也和我一样”的心理平衡感。

要使示弱产生积极效果，必须善于选择示弱的内容。在学历不高的人面前，不妨展示经验有限，有过种种曲折难堪的经历等，表明自己实在是个平凡的人；对眼下经济状况不好的人，可以适当诉诉自己的苦衷：诸如健康欠佳，子女学业不好以及工作中诸多的困难，让对方感到“他也有一本难念的经”；自己如果在专业上过硬，最好宣布对其他领域一窍不通，袒露自己在日常生活中如何闹过笑话、遭遇过尴尬等。

其实在生活中，每个人都有优于别人的地方，也有不如别人的地方。显示自己的弱点，并虚心向别人学习，正是为了巩固自己的优势，也是一种保全自我的明智选择。

懂得隐藏自己，别轻易现“真身”

老子曾说过这么一句话：“鱼不可脱于渊，国之利器不可以示人。”意思是，鱼不可脱离深渊，国家的重大决策不可以轻易拿出来夸示于人，否则很容易招致各种祸端。刚走进社会的人，几乎都比较单纯，受到一点小小的刺激或者听到什么称赞，便把自己的反应毫无保留地展现给别人，轻易就让别人摸清楚了自己的底牌。这样不但自己暴露了弱点，还让别人抓住了把柄。

羽清刚进公司的时候，就向大家宣布了自己与经理的亲戚关系。同事们开始对他特别照顾，每次出去吃饭，都争前恐后地替他付钱。为此，他觉得很是洋洋得意。

可是没多久，经理就调走了。这时羽清明显地受到了冷落，大家再也不像以前那样热情，平常对他也是爱理不理的，要么就是一副不耐烦的样子。后来他想，如果原先不暴露自己的特殊身份，也许就会博得大家真心的喜爱，可以和大家一起和平相处。

轻易在别人面前亮出底牌的人，是愚蠢的。因为这样不但达不到目的，还容易使自己陷于被动。因此，不论做什么事情，我们都要讲究策略，要有所保留，给别人留一点神秘感。如果我们仔细观察就会发现，许多成功人士都善于制造神秘感，讳莫如深地给自己笼罩上一层光环，总是给人一种“雾里看花”的朦胧感，总是让人充满期待。

谭芸大学毕业后被一家公司聘用，她来公司报到的第一天，就让所有的人眼前一亮。她穿了一套简洁而高雅的西装，雪白立领衫搭配黑色过膝长裙，颈项间戴着一条银亮的白金项链，显得十分优雅。

同事们悄悄地议论着：“看她这身行头，一定大有背景。”任凭大家纷纷猜测，谭芸什么也没说。

每次她给家里打电话时，同事们总会看到她恭敬谨慎的神情，让人感到她的家世非同一般。不久，又有人说她是从省城来的高干子弟。

谭芸确实非同凡响。她的业绩好得让人嫉妒，她往往轻而易举就能拉来许多客户。有些大客户还会专程来请她品茶聊天，但她却很少答应。大部分时间，她都喜欢独自赏画、听古典音乐或阅读世界名著，气定神闲的模样看上去是那么与众不同。

实际上，谭芸的父母都是普通老百姓，由于前几年单位效益不好已早早退休。但谭芸的神情总是从容闲适，言谈举止温文有礼。虽然当初她只是借表姐的白金项链用了一段时间，但她却引起了每个人的好奇心：“她真的好神秘！”

尽管谭芸从未编造过关于自己身世背景的谎言，对于同事的猜测和议论更是听之任之，不置可否，但她却成功地塑造了独特的“神秘感”，无时无刻不吸引着别人的注意力，让他们对自己抱有极大的兴趣，想要挖掘出她讳

莫如深的秘密。

“保持神秘”其实是一种高明的处世之道。城府深的人不会一开始就展示自己的全部。自古以来，凡是成功者都很少谈论他人，更不会轻易泄露自己的情况。别人越是不了解你的底细，就越是好奇。培养足够的实力却不做非必要的表现，这就是做人的技巧。

保持神秘感就是保持魅力。经常保持神秘感的人，能够吸引大家的兴趣。能让别人产生追根问底的欲念，更能维持和展现出自身的魅力。具有神秘莫测魅力的人，你越和他交往越觉得他高深莫测。这样的人，一定具有广博的知识与敏捷的反应，能够随时应付各种状况，绝不会出现江郎才尽的窘态，永远有出人意料的惊人之举。

聪明人如果想得到别人的尊敬，就不应该让别人看出自己有多大的实力。让别人知道你，但不要让他们了解你；没有人看得出你才能的极限，要比显示自己的才能更能获得他人认同。

放下“身段”，关键时更显身价

“要放下身段，路会越走越宽”，如今这句话已经成为许多人的口头禅和座右铭。初出校门，就能做大事、取得非凡成就固然很好，但如果能放下大学生的身段，肯于从小事做起，更加令人佩服。当然，你不必非得去做“低微”的小事，但在必要的时候，确实也应有放下身段的勇气。

几年前曾经看过一篇文章：一位大学生在校时成绩很好，大家对他的期望也很高，认为他必将有一番了不起的成就。他确实做出了成就，但不是在政府机关或是大公司里有成就，而是擦皮鞋擦出了成就。原来他毕业后，没找到合适的工作，就决心自己创业。又由于一时筹集不到什么资金，所以他决心先从一个小本生意干起——在街头摆摊擦皮鞋。他的大学生身份曾招来很多不以为然的眼光，却也为他招来了不少生意。他倒从未对自己学非所用及高学低用产生过怀疑。现在他还在擦皮鞋，并且已在全国开了十几家分店，取得了不俗的成就。

工作本身没有贵贱之分，但对于工作的态度却有高低之别。在非常时刻，如果能放下身段，投入工作，那么定会做出一番成就。

如今，却有很多白领上班族不愿放下身段、改变态度，让自己空有学历、能力的优势，无奈地在职场里浮沉，甚至沦为失业大军的一员。人的"身段"是一种"自我认同"，并非不能有，但这种"自我认同"也是一种"自我限制"，也就是说"因为我是这种人，所以我不能去做那种事"。博士不愿意当基层业务员，高级主管不愿意主动去找下级职员，知识分子不愿意去做"不用知识"的工作……他们认为，如果那样做，就有失他们的身份。

并不是说有"身段"的人就不能有得意的人生，但在非常时刻，如果还放不下身段，那么会让自己无路可走。像博士如果找不到高薪工作，又不愿意从基层做起，那只有挨饿了；如果能放下身段，反而会开辟新天地，那么路将会越走越宽。

史蒂芬是哈佛大学机械制造专业的高材生，他一毕业，就到维斯卡亚公司去应聘。维斯卡亚公司是20世纪80年代美国最为著名的机械制造公司，该公司每年举行一次用人测试会。在用人测试会上，史蒂芬被拒绝了。于是，他采取了一个特殊的策略——假装自己一无所长。他先找到公司人事部，提出愿意为该公司无偿提供劳动。公司于是便分派他去打扫车间里的废铁屑。在之后的一年里，史蒂芬勤勤恳恳地重复着这种简单又劳累的工作。虽然得到老板及工人们的好感，但是仍然没有一个人提到录用他的问题。

20世纪90年代初，公司的许多订单因产品质量问题纷纷被退回，为此公司将蒙受巨大的损失。公司董事会为了挽救颓势，召开紧急会议商议对策。当会议进行到一大半却未见眉目时，史蒂芬闯入会议室，提出要见总经

理。在会议上，史蒂芬对问题出现的原因作了令人信服的解释，随后拿出了自己对产品的改造设计图。

总经理及董事会的董事见到这个编外清洁工如此精明在行，便询问他的背景以及现状。史蒂芬当即被聘为公司负责生产技术的副总经理。

原来，史蒂芬在做清扫工时，利用可以到处走动的条件，细心察看了公司各部门的生产情况，并一一作了详录，发现了所存在的技术性问题并制订了解决的办法。他花了近一年的时间搞设计，获得了大量的统计数据，为最后一展才干奠定了基础。

在竞争激烈的社会中，想以高姿态来获取成功，得到的机遇会很有限。但如果能换一种方式，以低姿态进入，你就会发现隐藏着的希望。如果想在社会上生存、发展，那么就要放下身段，也就是放下你的学历、背景、身份，做你认为值得做的事，走你认为值得走的路，这样最终能闯出属于自己的一片天地来。

能放下身段的人，不会有刻板的观念，他的思考有高度的弹性，这将是他的本钱；能及时抓到好机会，也能比别人得到更多的机会，因为他没有身段的顾虑。

当今社会，生存竞争愈加激烈，即使你有高人一筹的本领，也要懂得放下架子，踏踏实实地从头做起。只有这样，做人做事才能少一些羁绊，多一些顺畅。

第4章

别哑巴吃黄连有苦说不出，看清形势把握重点

要想找到成事突破口，就需要从讲话的策略上下工夫。在社会交往中，聪明人说话会拐弯儿，懂得委婉地表达自己的意图；在关键时刻会随机应变，要“语言花招”。有时候恰到好处的一句话，不仅能化解尴尬、掌握主动，还能让人际关系在磨合的过程中更加亲密、融洽。灵活的口才有利于打造一流的人际关系，为自己创造一个和谐的生存氛围。

是直言快语，还是绕圈子说话

在社会交往中，单纯的人有个致命的弱点：直言快语。他们之所以喜欢直言快语，是因为只考虑到自己的“不吐不快”，而没有考虑旁人的感受。但是，直言快语容易得罪人，于是你的人际关系就出现了阻碍，周围的人都离你远远的，生怕一不小心被你的直言直语灼伤。

难怪很多刚刚走出校门的毕业生会苦不堪言，因为那些从课本里学来的心直口快、仗义执言，在社会中都显得那么轻率突兀，透着幼稚与不成熟。在各种社交谈话中，有话直说是致命伤，有些老实话是万万不能轻易出口的。

慧是一个比较爽快的人，说话总是很直接。上大学的时候有人问她：“我这件衣服怎么样？”她觉得好就说：“挺好的！”如果觉得颜色不好，她就会说颜色不好看，要是什么什么颜色就好了。渐渐地，她和同学们的关系变得疏远了。

工作以后，有几次同宿舍的人听到她这样说话就提醒她：“你说话太直接了，人家听着多不舒服！”并告诉她应该这样说：“这件衣服你穿挺好的，不过要是颜色再深点就会更好！”后来她仔细想想也确实是这个理，别人的衣服肯定是自己满意了才买的，她却给人泼冷水，要是换了谁也会觉得不舒服。

在人际交往的过程中，不分场合地点，不分谈话对象，心里想什么就说什么，这是十分不可取的。你不能保证你想的都对、说的都对。而且听话人的接受能力也不同。不分青红皂白、不讲究方式方法的直言快语，往往会带来不良后果。轻则使人下不来台，重则造成隔阂，遭人怨恨。

在与人交往时,为了避免伤害他人,聪明的人总是会看准对象,委婉地表达自己的意图。在公共场合,和关系一般的人交谈时,或者是在晚辈对长辈、下级对上级、主人对宾客时,说话时尤其要讲究方式,把握分寸。有时为了不失礼仪,可以采用外围战术,有意绕开中心话题和基本意图,从相关的事物、道理谈起,采用迂回的策略,听者容易接受,你也容易达到自己需要的效果。

北宋知益州的张咏与寇准是相交很深的朋友,他一直想找个机会劝劝寇准多读些书,因为身为宰相,要日理万机,理应学问更多些。张咏就对其部下说:“寇准奇才,惜学术不足尔。”这句对寇准的评价是非常正确的,因为寇准虽然有治国之才能,但不太愿意读书。

恰巧时隔不久,寇准因事来到陕西,刚刚卸任的张咏也从成都来到这里。老友相会,格外高兴。临分手时,寇准问张咏:“请问您有什么可以指教的吗?”张咏想趁机劝寇准多读些书。可是又一想,寇准已是堂堂的宰相,自己怎么能直截了当地说他没学问呢?张咏略微沉吟了一下,慢条斯理地说了一句:“《霍光传》不可不读。”

当时,寇准不明白张咏的这句话是什么意思,可是张咏不愿再多说,转身就走了。

回到相府,寇准赶紧找出《汉书·霍光传》,他从头仔细阅读,当他读到“光不学无术,谋于大理”时,恍然大悟,自言自语地说:“这可能就是张咏要对我说的话啊!”

原来,当年霍光任大司马、大将军要职,地位相当于宋朝的宰相,他辅佐汉朝立有大功,但是居功自傲,不好学习,不明事理。

寇准是当世“奇才”,然而却不大注重学习,知识面不宽,因此,张咏劝寇准多读书加深学问,既客观又中肯。然而,说得太直,寇准的面子上会不好看,而且传出去还影响其形象。张咏以一句“《霍光传》不可不读”委婉地表达了自己的意思,使寇准愉快地接受了建议。

由此可以看出,采取绕圈子的说话方式会起到意想不到的效果。无论

是在生活还是工作中，对于某些有时不能直说而又必须得去说的事情，不妨采取绕圈子的方法，这样既不得罪人，又达到了自己的目的，是智慧做人的表现。

任何一种意思都可以含蓄隐晦地表达，与人说话时，言语不可太直，否则会招惹对方不快。所以，学会说话“绕弯儿”在人际交往中是非常必要的。

一句话把人说笑，还是把人说跳

俗话说得好，一句话能把人说笑，也能把人说跳。能把人说“笑”的语言，通常是温和甜美的“软话”。其温和表现为：说话语气亲切、语调柔和，语言含蓄，措辞委婉，说理自然。这种说法，易于使对方感到亲切、愉悦。

温和可以体现人的性格美，尤其是在抒发情感时，温和地说话具有一种迷人的魅力。这种声和气宛如柔和的月光和涓涓的细流，由人的心底流出，轻松自然，和蔼亲切，不紧不慢，能给听者以舒适、亲密、友好、温馨的感觉。温和地说话的人，为人必定宽容、温柔、善良、善解人意。

贝尔电话公司曾是美国最大的电话公司，他们的接线生态度和蔼，吐字清楚，语气亲切，个个都彬彬有礼。该公司提出了“用带着微笑的声音去接电话”的要求，深受广大电话用户的欢迎。古往今来，“和气待人”“和颜悦色”被视为一种美德。在日常生活中，最受欢迎的是和蔼亲切的说话态度。“带着微笑的声音”谁都爱听，这是一种在交际场合最容易获得成功的语调。在人际交往中，很多时候，“软”话不软，“软”话有效。

一家电器店的营业员小江面对一位十分挑剔的顾客。小江给他拿了好几套电器，他挑了半个钟头还没选中。因顾客太多，小江先招呼别的顾客去了。这位顾客以为冷落了他，便把脸一沉，大声指责说：“喂，你这是什么态度，你没有看见我先来吗？为什么扔下我不管？”这话真够刺耳难听的。然而，小江安排好其他顾客后，和颜悦色地对此人说：“请您原谅，我们店生意忙，对您服务不周到，让您久等了，我服务态度不好，欢迎您多提宝贵意见。”这几句真诚而谦逊的话一出口，那位顾客的脸一下子红了，转而难为情地说：“我说得不好听，也请你原谅。”

小江以“和气”对“火气”，表面上“柔情似水”，实际上“力胜千钧”，几句话产生了积极的效果。“有理不在声高”，说话，并非说得有棱有角、咄咄逼人才有分量。像这种温和式的说法，由于充满了对消费者的尊重、宽容和理解，本身就产生了一种感化力，从而引起对方心理的变化。“火气”遇上“和气”，失掉了发泄的对象，自然降温熄火。

说话是人们交流信息、传情达意的一个重要手段。用温和的态度说话不仅能充分地表达说话的意图，而且还能缩短人与人之间的感情距离，密切双方之间的关系。

为了避免与人说话过于僵硬，应注意以下几点：

1. 注意措辞

作为一个成熟、得体的职业人，你必须时刻注意你的措辞。工作场合不能用不文明词语、粗俗词语；表达意思的时候，尽量多用中性词或褒义词；表达不同的意见或进行批评时要委婉，切忌直接否定或嘲讽。注意语言的细节，比如“请你……”就比“你给我……”好得多。

2. 语速适中

过快的语速容易让人产生压迫感、强制感，或是让人不知所云；过慢的语速要么使人着急，要么让人昏昏欲睡。语速必须适中，这不但有助于意思的表达和理解，还可以使信息的接受者产生舒适感、愉悦感，从而有助于拉近你与谈话者之间的心理距离。

3. 语气平和

单位里的职位分三六九等，但人与人之间的地位是平等的，没必要低三下四，也不要盛气凌人。别人对你的认同或是尊重，靠的是你人格的魅力，

而不是强硬的语气。无论什么时候，都要保持心平气和。否则，说话的语气稍稍偏离平和，各种是非就会随之而来。

4. 语调明朗

很多人不注意说话时的语调，不是音调平平，就是随心所欲任情绪波动。其实，语调对语言的效果影响非常大，明快和有气无力，哪个更让人容易接受，是显而易见的。同时，语调反映了一个人的性格特点，语调明朗的人一定是个自信、开朗的人。

讲究说话策略，避开语言陷阱

在现实生活中，面对形形色色的人，要根据不同的对象说不同的话，因而不可能会有事先被固定好的语言模式。当不小心陷入语言陷阱后，很多人无力自救，要么撒泼，要么沉默，要么失去理智以拳相向，这些都不是解决问题的好办法。

人如果在关键时刻没有要点“语言小花招”的本事，是不能真正地把事处理好的。所谓的“小花招”，是指因人而异、随机应变的技巧。运用技巧应变术，可以使你从窘境中得到解脱，即使遇到一些难题让你无法作答，你也可以巧换话题，分散和瓦解对方的注意力和攻击力。

为了避免可能的语言陷阱在我们的身上重复发生，最好自己要常备一些有针对性的“小花招”，这样你掉入陷阱的可能性就会大大地减少。

1. 巧转话锋

口才再好的人，也不可能每回辩论都成为赢家。语失、口误，这是在职场中常常会碰到的事，碰到这类情况，最好的办法是以调侃的方式巧转话锋，就是对一些看似简单却不易回答的问题以“动脑筋，急转弯”的手法进行似是而非的迂回性的语言应对。

一次,乾隆皇帝与爱臣刘墉在避暑山庄看到了一尊弥勒佛像。忽然,乾隆指着佛像问道:“他为什么对朕笑?”刘墉笑着回答:“皇帝是文殊菩萨转世,是当今活佛,佛见佛故笑。”实际上弥勒佛笑口常开,对谁都笑。乾隆这么问,实在难为刘墉了。刘墉机智地回答了乾隆的难题。不料乾隆突然又问:“为什么对你笑?”刘墉答道:“佛笑臣成不了佛。”

刘墉刚说过,佛见佛故笑,如果还这么回答,自己也成了佛,与皇上平起平坐,就要犯大逆不道的罪。刘墉这回把弥勒佛对自己的笑说成嘲笑,既巧妙地回答了皇上提出的问题,又没有冒犯皇上的威严。

2. 左顾言他

在职场中经常会碰到难以解答的事,甚至有时候还会让你猝不及防。这时候,你明知问题本身就是陷阱,该做什么选择呢?要要小花招吧——顾左右而言他。

某公司市场助理吴小姐遇到老板这样的问话:“你觉得薪水够用吗?”她不知老板的用意何在,于是张嘴就是一句心里话:“我不敢说不够用……”

有些老板喜欢听手下说薪水不够,因为他以为抓住了你的“软肋”,对你施以小恩小惠你就会甘心为他服务。但有的老板则会由此想开去:“不对嘛,一个小姑娘,开销这么大?花自己的钱都这样,花公司的钱不就更……”吴小姐事后颇有感触地说:“遇到此类事,最好是顾左右而言他。”

3. 以短托长

在论辩进行当中,论辩的一方虽然处于劣势,但如果能充分地发挥自己的长处,攻击对方的短处,就能化劣势为优势,变被动为主动,从而可以取得以弱取胜的论辩效果。

1984 年,73 岁的里根参加了美国总统竞选,有一个人问里根:“年龄是否会成为竞选中的一个问题呢?”其实他的意思就是说,里根的年龄已经大了。年龄大的确是事实,也是无法回避的,于是里根就用幽默的话语来回答:“不!我不打算因为政治目的,而利用我的对手年轻和没有经验这一点。”

里根的这一回答,委婉而又含蓄地把年龄大与经验多联系在了一起,暗示了年龄大有利于从政,消除了年龄大给他带来的不利局面。

4. 以谬制谬

当对方无理挑事时,恰当地抓住对方语言的破绽,以其人之道反治其人之身,这种即时的以谬制谬术只要用得贴切合理,就会让对方哑口无言。

下级拒绝上级所提出的要求时,可以巧妙地借助一些智言睿语分辩事理,以达目的。

齐宣王召见颜触,露出倨傲之态呼唤道:“触,走过来!”

颜触见其态度傲慢不可一世,决定拒绝接受齐宣王的要求,于是颜触也表现出高贵的样子,对齐宣王呼道:“王,走过来!”

齐宣王听后,正要发怒,左右侍臣赶快对颜触说:“王是君,你是臣,你也敢叫王走来吗?”

颜触辩解道:“说起道理来应该这样,因为我果真走去,那是仰慕王的势利,而我叫王走过来,是让王表示他趋奉贤士。与其叫我做仰慕势利的事,还不如让王做趋奉贤人的君主好啊!”齐宣王听后觉得有道理,于是不再叫颜触走过去了。

言语失误时,巧妙将其化解

日常生活中的谈话通常不必拘小节,即使略带调侃,彼此也会不介意,但如果在一些庄重的场合语言失误,一定要设法纠正。我们在人际交往方面,一定要懂得言词分寸,尽可能避免说出令人厌恶的不当言词。而一旦出现这种情况,应随机应变,做一个机敏的谈话者。

“人有失足,马有失蹄”。在交际过程中,无论凡人名人,都免不了发生言语失误。虽然其中原因有别,但它造成的后果却是相似的,或贻笑大方,或纠纷四起,有时甚至无法收场。人失言了可以用妙语去弥补,只要你有技巧,就可以弥补得天衣无缝。

老林正陪老板闲聊,因为没有什么固定话题,所以就东拉西扯地谈到个人家乡的事。原来老板是台中人。

“中部真是一个好地方,有许多风景名胜,交通也很方便,人情风俗也很淳朴,不像北部,虽然很繁荣,可是纸醉金迷,声色气息太重。像北部的女性,虽然出了不少杰出的人才,可是大部分人都很虚荣,崇拜金钱……”

突然,老板的表情转为不悦,冷冷地说:“内人就是北部人呀!”

老林察觉对方变色,赶紧接着说:“夫人是北部人吗?真巧,我也是在北部出生的呀!”

之后,老林找了个借口表明自己对北部的人情世故是很了解的,最后再追加说了几句北部人的优点:“北部人外表如此,可是在生活上,却是很可靠的伴侣。”

在生活中,总有说话不当的时候,发生这些事时,最重要的就是镇定自若,处变不惊,积极地寻找适当的补救方法,尽可能地弥补口误。

在交际中,失言是难免的现象。谁都不想说错话,但当错话的确从自己口中说出来了,又该怎么办呢?答案是随机应变,将“歪”拉“正”。说错了话,要学会巧妙地转移话题,把别人的注意力吸引到其他方面,比如用幽默或玩笑的方式转移目标,把关于人事的纠纷转到某种事物上,把个人紧张的话题变成轻松的玩笑等。

当行为冒犯了别人,引起对方的不快和反感时,要采取巧妙的方式进行处理。同样,口出错语时,应想尽办法及时补救,这样才能打消他人的不快,赢得融洽的人际交往氛围。

一次,美国总统里根访问巴西,由于旅途疲乏年岁又大,在欢迎宴会上,他脱口说道:

“女士们，先生们！今天，我为能访问玻利维亚而感到非常高兴。”

有人低声提醒他说溜了嘴，里根忙改口道：“很抱歉，我们不久前访问过玻利维亚。”

尽管他并未去过玻利维亚，当那些不明就里的人还来不及反应时，他的口误已经淹没在后来的滔滔大论之中了。这种掩饰的方法在一定程度上避免了当面丢丑，不失为补救的有效手段。

那么，能不能采取一定的补救措施或者矫正之术，去避免言语失误带来的难堪局面呢？回答是肯定的。在实践中，遇到失言这种情况，有以下三个补救办法可供参考：

1. 移植法

即把错话移植到他人头上。比如说：“这是某些人的观点，我认为客观来讲应该是……”就可将自己已出口的错误纠正过来了。对方可能会有某种察觉，但是无法确认是你说错了。

2. 改义法

巧改错误的意义。当我们意识到自己讲了错话时，干脆重复肯定，巧妙地改变错话的含义，并将下面的话引出来，用得恰到好处，能充分地显示你的聪明机智。

3. 引申法

迅速地将错误言词引开，避免在错误中纠缠。接着那句话之后说：“我刚才那句话还应作如下补充……”或者说“然而正确的说法应是……”如此就可将错话抹掉，把他人的注意力吸引到下面要讲的话上来。

“善意的谎言”如何说得更妥当

有这样一句话：善意的谎言是美丽的。当我们为了他人的幸福和希望适度地撒一些小谎的时候，谎言即变为理解、尊重和宽容，具有神奇的力量。父母的一句“谎言”，让涉世不深的孩子笑逐颜开，健康向上；老师的一句“谎言”，让彷徨的学子不再困惑，更好地成长；医生的一句“谎言”，让恐惧的病人由毁灭走向新生。只要你掌握一定的原则，你所制造的“谎言”会比真诚更能赢得人心。

赵炎是学心理学专业的，他的漫画画得很好，可自己的专业没有过关。为此，他的情绪很低落，对心理学也产生了反感情绪。

一天朋友跟他聊天儿：“哥们儿，我有一本书稿想配漫画，你能帮我画一下吗？”

“什么内容的书稿？”他问。

“哦，是心理学方面的，我那两下子可不行，这个画非你画不可，帮帮忙吧？”

“我行吗？”他开始松动了，“多少幅？”

……

一个月后，他完工了。朋友把书稿交到出版社，三个月后图书出版了，封面上印着他的姓名。从此，他又对心理学重新提起了兴趣，而且经常拿着那本书给别人看。可他不知道，朋友之所以要请他帮忙，只是为了帮助他从阴影中走出来，而且在操作时，也没让他知道这是个“善意的谎言”。

生活中许多时候都需要这样一些善意的谎言。在某些特殊的情况下，善意的谎言也同样美丽，在人际交往中几乎不可缺少。

善意的谎言不是以利己为目的，这种在适当的时候说出的“谎言”，饱含着真诚，散发出温暖的光辉。只要你掌握一定的原则，你所制造的“谎言”会比你的真诚更能赢得别人的心。

小华在一家商贸公司上班，一天下班后，他和同事小伟走在一起。小伟这些天心里很烦，和老板的关系十分紧张。二人边走边聊，小伟控制不住自己的情绪，指出老板对待他的种种不公平，还把老板的无知、浅薄及一些丑事统统说了出来，最后，怒犹未尽，忍不住又大骂了一通。

过了些日子，老板在小华面前也谈起了小伟，言语之间非常不客气，怒斥小伟不顾大局、不思进取等诸多缺点。最后，老板问小华："小伟在你面前说过我的坏话吗？"

小华是个诚实的人，此时，他该怎么回答呢？无疑，说实话只会火上浇油，只能促使老板与小伟的关系崩溃。怎么办才好呢？

思忖片刻，小华撒了一点小谎。他这样对老板说："小伟的人挺好的，他从没有在我面前说过您什么闲话！相反，他倒是挺佩服老板的魄力的，至于最近有点不开心，他说可能是在某些事情上闹了点小误会，他说您会很好地处理的。"

这样一来，老板的怒气马上消了。他也许会立刻反躬自省，认真地考虑对待下属的问题。一场本来可能导致两人大动肝火的争端就此平息了。而且，即使有一天老板发现小华讲的不是实话，他也肯定不会怪罪小华的，他会认为小华为人厚道、心地善良，会处理事情，根本不会怪罪所谓的"说谎"了。

生活中有一句俗话，叫做"会说的媳妇两头瞒，不会说的媳妇两头传"，说的也是同一道理。居家过日子，有些鸡毛蒜皮的小事，不能以较真的态度去对待，说一些无伤大雅的假话，应付应付，反而更好。在日常工作与生活中，善意的谎言值得提倡，它是人际交往的润滑剂，每个人都应该学会说善意的谎言，并在与人交往中灵活运用，无疑是一种做人的智慧。

第5章
别没看清对方就掏心窝子，不懂交际恐自伤

在复杂多变的环境中，不能抱持单纯的眼光和心态。无论什么时候，都应当头脑清醒，学会识人防人，力争不被人伤害。不懂得设防的人，只能自讨苦吃。

关系再近也得留一手，别成为受害羔羊

俗话说："防人之心不可无。"生活并不像想象的那么美好、单纯，有时也会充斥着尔虞我诈、钩心斗角，所以，不能没有防人之心，否则，就有上当受骗、被人暗算的危险。随着竞争的日益激烈，貌似风平浪静的职场，实则暗流汹涌。有时候，同事之间难免会发生一些利益上的冲突，虽然绝大多数人都是善良的，但是也免不了会遇见"另类"的人物，这就提醒我们每一个身在职场的人要睁大眼睛、小心防范，切不可毫无心机，被别人所利用。

晓玲人长得漂亮，能力又强，刚工作就很得上司赏识。因为她的发展比较顺利，所以朋友也比较多。一般情况下，她都会和朋友们打成一片。但是有一次却例外。一天，她大学的好友石惠特意来看她，她非常兴奋，拉着石惠去参观自己的办公室。晓玲安置石惠到自己的格子区，然后去给她冲咖啡，可是好奇的石惠根本坐不住，很快被邻座宫丽君的时尚杂志所吸引。当时晓玲也没在意，不就翻翻杂志嘛。可是第二天一早，她就被上司叫到了办公室。上司阴沉沉地问："你昨天是不是带朋友来办公室了？"公司有摄像头，晓玲自然不敢否认。上司告诉她：宫丽君执笔的待签客户合同掉在过道上，内容完全泄露了，几天以来的集体智慧就这样白费了。

从此，晓玲被上司冷落了。只是晓玲不知道的是，合同外泄的事情完全是宫丽君一手操作的。她没有来公司之前，宫丽君一直深得上司赏识。她来了之后，原本就要升为办公室主任的宫丽君，忽然失去了上司往日的器重。宫丽君对晓玲忌恨在心，只是晓玲太会做人做事，一直无处"下手"。直到那天发现石惠在自己的隔壁，宫丽君才找到了机会。

尽管晓玲被暗算值得同情，但是归根结底只能怪她自己。带闲人进办公室，本就违反制度，被人设计也在所难免。人性究竟是善还是恶，绝非三言两语能够说清楚。在现实生活中，我们与人打交道时的确要谨慎小心，提高防范意识。如果你没有一点心机，就容易被别人欺骗，吃亏上当。此时你不必埋怨别人太卑鄙，只能怪自己做人太单纯、太大意。

逢人只说三分话，别随便“交心”

《警世通言》中有句话：“逢人只说三分话，未可全抛一片心。”意思是说，对还不了解的人，无论说话或办事，都要有所保留，不可一股脑地掏空自己。把心掏出来虽然代表你的真诚和热情，但是这样容易被别有心的人利用。另外，轻易交心，还容易被人看轻。如果对方是个谨慎的人，那么反而会吓着他，因为他会怀疑你这么坦诚另有目的，这样就会弄巧成拙，破坏了有可能发展的情谊。你对别人坦诚，如果没有得到相等的对待，那种被“鄙视”、“背叛”的感觉是很不好受的。与其这样不如慢慢观察对方，等有所了解后再“交心”。

与人初次见面，或仅见过几次面，就算你觉得这个人不错，也不该一下子交心。我们身边总有这样一些人，他们性格特别直爽，喜欢向别人掏心窝子。虽然这样的交谈能够很快使彼此之间变得友善、亲切起来，但事实上只有很少的人能够严守秘密。所以，你对自己并不完全了解的人说话要有所保留，说三分即可的话，千万不要说到四分。切忌心血来潮时把秘密告诉不合适的人，因为真正的秘密只能由你一个人知道，不然，你就可能反被其伤害。

苏达是一家公司的业务代表，在一次聚会上，他与另一家公司的业务员相遇，两人很投缘，大有相见恨晚之感。苏达把对方当成了自己的贴心朋

友，结果在耳热酒酣之后，把自己公司将要开展的业务计划说了出来，当然，是在对方承诺保守秘密的前提下。一个月后，当苏达的公司把新的业务计划转入实际运作时，却被客户告知别的公司已经在做了，并已经签了合同。作为与老板共知计划机密的苏达，自然被老板狠狠批评了一番，并罚薪降职，永不重用了。

偶尔对老板交心是必要的，但要适可而止。促膝长谈是种手段，但并不是你什么都可以说。偶尔的交心，说些无关紧要的体己话，能让老板觉着你贴心。而事实上，没有一个上司会对你真正交心。切忌一时热泪盈眶，就把心窝子里的话都说出去。被出卖的，永远是交心的那个。

任何时候，你都不要期望别人为你保守秘密，假如你果真有什么秘密的话，请把它保存在自己的心里。当你的生活出现个人危机，如失恋、婚变之类，最好不要随便找人倾诉；当你的工作出现危机，如工作不顺利，与老板、同事相处不好时，更不应该向人袒露胸襟。如果对方能为你保守秘密，问题自然不大。但是，你对他人又了解多少呢？你怎么知道他不会把你的话传出去呢？

杨锐是一家电脑公司的技术员，平时跟老板相处得就像哥们儿。一天下午，杨锐加班到很晚，老板请他吃晚饭。几杯酒下肚，杨锐头脑一热，说他也想开一家电脑公司。

老板一愣，但很快就恢复了镇定，并鼓励他说："年轻人就应该有闯劲，我支持你。"杨锐说："我现在的技术还说得过去，但对销售还是一知半解。"老板说："一边工作一边学习嘛。凭你的能力，再干上两年就能独当一面了。"杨锐说："你放心，两年之内我是不会走的。"

一周后，公司又招聘了一名技术人员，杨锐也接到了解聘通知。杨锐一脸茫然，找老板询问。老板一本正经地说："在我的公司里，你已经没有什么需要学习的了。你应该多干几家公司，多积累点经验。我是从你的自身发展考虑才忍痛割爱的。"

杨锐蓦然醒悟自己为什么被炒了鱿鱼，都是因为自己跟老板交心，才被老板抓住如此“富有人情味”的把柄!

我们不主张去害别人,但存有防范之心,无论如何都是必需的。千万不要将自己的底细轻易地向人兜售出去,那样反而被居心不良的人当成击败你的利器。

普通人有一个共同的毛病:肚子里搁不住事儿,有一点大事小情,总想找个人谈谈;更有甚者,不分时间、对象、场合,见什么人都把心事往外掏。当你和别人共同拥有一个秘密时,你往往会因这个秘密而同对方拴在了一起。这对你灵活机动地处理事情是一个障碍,因为你往往还要考虑他的利益,这有时会使你做出违背原则的事。同时,对方可能会在关键时刻,拿出你的秘密作为武器回击你,打败你。

职场上风云变幻,环境险恶,你不害人,同时也不得不防人,把自己的“私域”圈起来当成话题禁区,轻易不让人涉足,这是一个成熟的人非常明智的做法,也是竞争压力下的自我保护。

牢骚可以有,但别随便发

常常见到很多人牢骚满腹。说公司如何如何不好,累死累活地干一个月,拿到手里的工资也没多少;上司不公平,谁擅长拍马屁谁赚的钱就多;怨同事不善,成天钩心斗角、明争暗斗……

发牢骚是一种正常现象。在人的发展过程中,总会有各种不满足的地方,总会遇到各种不称心的事情,总会产生各种各样的情绪问题,这时候难免会发发牢骚。

但发牢骚要分时间、分场合、分对象。不同的时间,不同的场合,所针对的对象不同,牢骚所起的作用也是不同的。有时,在某一时间,某种场合可

以对某一对象发牢骚，有时则不能。

小曾很有才气，是一家文化传播公司的策划，由于自恃清高，他总是对老板的创意不屑一顾，认为老板的水平很差，所以经常在同事们面前流露出对老板创意的不屑。消息很快就被传到老板的耳中，于是老板主动找他谈话，诚恳地让小曾说出对自己的创意有什么意见，对公司的业务有什么建议，小曾却支支吾吾说不出什么。这位心胸还比较宽广的老板认为小曾简直就是一个两面三刀的人，当面不说，却在背地里说。老板对小曾的人品产生了怀疑，重要的策划方案再也没有交给他来做。不久，小曾离开了公司。

背地里发牢骚很容易让人认为你是个两面三刀的人，人品不好。如果你在同事间议论上司的话被传到了上司耳中，那么就算你再努力工作，取得再好的成绩，也很难得到上司的赏识。所以最好的方法就是在恰当的时候直接找上司，向其表达你的意见，当然最好要根据上司的性格和脾气用其能接受的语言表述，这样效果更好些。作为上司，他感受到你的尊重和信任，对你也就多些信任。这比你风言风语地发牢骚好多了。

在工作过程中，因每个人考虑问题的角度和处理问题的方式有差异，对他人有意见，甚至满腹的牢骚，也是难免的，但无论如何不能到处宣泄。否则，经过多个人的传话，即使你说的是事实也会变调变味，一旦被对方听到，难免会对你产生不好的看法。

有些烦恼、失意或是委屈，你应该说给心理医生听，千万不要逢人就开始倾吐自己心中的苦衷，这样不但无法激起对方的共鸣，反而会徒增对方的反感。任意发牢骚，不管是主动还是被动，都会带来负面影响。

1. 任意发牢骚，显得自己无能、软弱

虽然每个人都会有失意事，但如果你吐露失意之时，别人正在得意，那么别人会认为你是个无能的人，要不然怎么会失意？嘴上虽然不会说出来，但心里多少会这样想，而且失意事一出口，有时会因情绪失控而一发不可收拾，造成别人的尴尬。如果你的失意情绪能够引起别人的安慰，固然会感觉温暖，但你却因此而变成一个软弱的人。

2. 任意发牢骚，别人会对你产生不良印象

很多人凭主观印象来评价别人，一般来说，自信、坚定的人，别人对他的印象通常比较好，如果他是个事业有成的人，那么更会获得尊敬。但假如你的烦恼被别人知道了，他们下意识地会对你产生不良印象。他们对你的态度也会很自然地转变，由尊敬、热情而变得不屑、冷淡。

3. 任意发牢骚，难免会说某人的坏话

发牢骚时难免说别人的坏话，也许当时你心里感觉畅快了，但你的听众可能无法忍受，进而产生这样的想法："不知道这人在私底下怎样讲我的。"因而失去对你的信任，甚至会对你产生厌恶之情。

也许在你发牢骚的时候，没有想到"隔墙有耳"，打小报告的人正在寻找材料准备告密，你的议论正好为他提供了时机。倘若把你的话添枝加叶，传到上司的耳朵里，你辛勤工作的成绩很可能会因几句牢骚话而抵消殆尽。

所以，与人说话时，最好选择较为轻松愉快的话题，尽量不要提及个人不愉快的经历，以免让人对你产生不良看法，甚至中了别人的圈套。

擦亮双眼，看清身边的小人

在现实生活中，虚饰其貌、以华掩实的现象比比皆是。社会上常有这样一群人，他们在意识到自己的缺点或缺陷的时候会刻意掩饰自己，努力在人前树立好形象。这种掩饰很容易给人以假象，为认清别人增加了很大的难度。因此，我们在任何时候都不要被表面所迷惑，应该练就一双慧眼，在形形色色的人中辨明真伪。

宋代大文豪苏东坡原来和谢景温关系很好。一天，两人一起到郊外漫步，这时正好有一只受伤的小鸟从树上掉了下来，谢景温抬脚就把这只受伤

的小鸟踢到了一边，没有半点怜悯之情。苏东坡从他这个漫不经心的动作中看出了这个人冷酷的内心，断定这是个损人利已、不可深交的人。不出所料，后来，谢景温为了讨好他人，便加害苏东坡，诬陷他运售私盐，企图将苏东坡治罪。

任何时代都有谢景温这样的人。通常，这样的人为人处世不太厚道，常不择手段达成卑鄙的目的，所以大家常称这些人为“小人”。“职场小人”最大的特点就是两面三刀、爱拍马屁、爱抢功劳……什么事情都做得出来。与小人相处，稍有不慎，就会吃亏上当。但是，不论他们如何狡诈，总会露出蛛丝马迹，只要用心就能识破。

北宋王安石在担任宰相期间，对吕惠卿极为信任，他夸奖吕惠卿说：“吕惠卿办事用心勤勉，是朝廷中难得的人才，好好栽培，一定能为国建功。”

吕惠卿其实是个阴险小人，他为了骗取王安石的好感，故意装出一副正直勤恳的模样。一次，他假装气愤地对王安石说：“现在有不少人抵制新法，完全不为国家大计着想，我真不知这些人是何心肠？一个人做官若是只为私利，那他就没有报国之心了。”

王安石最欣赏忧国忧民的人，吕惠卿的假话骗了他，王安石渐渐把他当做知心朋友对待，和他无话不谈了。

吕惠卿总是找借口和王安石饮酒聊天，王安石说过的一些激进话，吕惠卿暗中记下，备他日攻击王安石之用。他把王安石写给他的信一一收好，其中犯忌的话语他都特别摘出，收录成册。

对于这些，王安石毫无察觉。有人在旁看得清楚，提醒他说：“看一个人的品质如何，要看他后半生的表现，这才是准确无误的。你现在有权有势，自然有人会恭维你，这个时候的朋友，未必可靠啊！”王安石则坚信自己没有认错人。果然吕惠卿后来向神宗皇帝上报王安石的“罪证”，神宗皇帝于是开始疏远王安石。

王安石被迫辞职后，吕惠卿公开打击王安石。他把王安石的两个弟弟贬到外地，肆意诬陷王安石危害国家，任人唯亲。王安石十分后悔，却也无济于事。

王安石错用了吕惠卿，对他的事业造成了不可估量的损失。他只相信自己的眼睛，却不相信旁观者清的事实；他刚愎自用，到头来自食恶果。

做人不能太单纯，处处都要小心提防小人。如果小人既行小人之事，表面上还是一副坦荡的样子，就会具有很大的迷惑性，分辨起来很困难。但他们也有一些共同的特征，我们可以从小人的言行举止中了解、发现小人的本质，做出科学合理的应对策略，以便区分善恶，明辨是非，减少小人对我们的困扰。

小人一般分为以下几种类型：

1. 心怀不轨，话语刻薄

这类人最爱传闲话，惯用“听说”造句，甚至歪曲事实，没有根据地乱说。他们看不得别人比自己好，别人比他好他就说三道四。这类小人最擅长泼他人冷水，话语尖酸刻薄，打击他人的信心。

2. 口是心非，讲一套做一套

为达到某种目的，这类人会在你面前讲一套，在别人面前又说另一套；在你面前对你好，但是在别人的面前就出卖你，搬弄你的是非。他们喜欢向你套话，甚至可以在你面前摆出一副受委屈的样子，博得你的同情。

3. 见事就躲，推卸责任

这类小人，每当有事情发生，他们的第一个反应便是推卸责任，他们通常会说这不是我的错。他们会常责骂其他人，让他人替自己“背黑锅”。他们有时候在人前装得像是老好人，其实很懦弱，出了事情跑得比谁都快。

4. 两面三刀，落井下石

他们是诡诈的小人，开始时你也许会把他当成朋友，但后来却发现，他其实是想贬损你或欲加害于你。凡是在领导面前露脸的工作就抢着干，凡是领导看不到的工作就能推则推。这类小人的特点是“皮笑肉不笑”，叫人猜不透笑容背后究竟隐藏着什么。这是小人类型中最难以对付的一种。

第 6 章

别开口就把话说绝，口无遮拦难成大事

单纯与否，很多时候体现在语言上。有些人见什么人都把心事往外掏，末了受制于人。有的人话说得绝对，结果能做到的很少，把自己累得半死，还遭人嫌弃，最终费力不讨好。所以，无论何时何地，一定要把好口风，什么话能说、什么话不能说，都要在脑子里多考虑一下，这样才能够与人和谐相处，避免犯下不可挽回的错误。

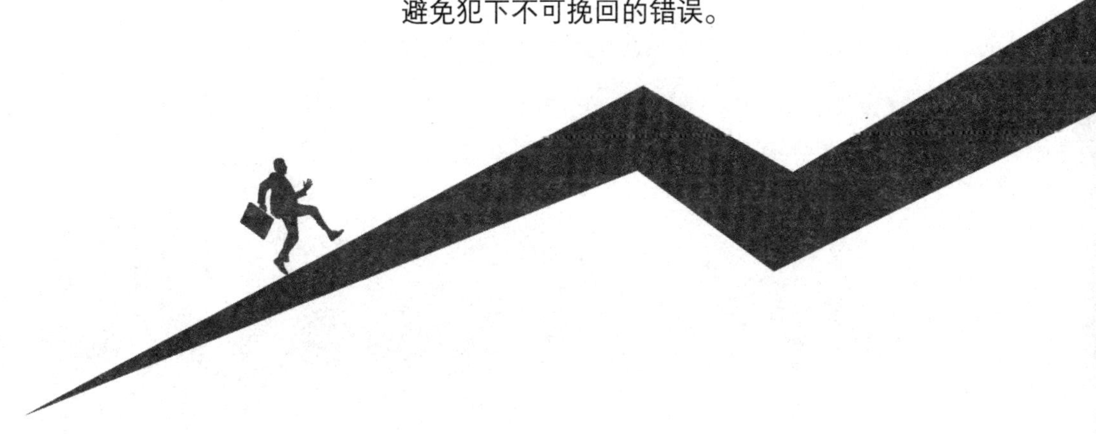

话不说满，别自己把路封死

生活中有许多尴尬是由自己一手造成的，其中有一些就是因为话说得太满。有些人对任何事都以“没问题”“包在我身上”之类的话一口承诺。可是，嘴上承诺，脑中遗忘，或脑中虽未遗忘，但不尽力，或尽了全力也办不到。这是一种严重的对他人不负责的行为，最后也只能为人所不屑。

把话说得太满等于不给自己留退路。因此，我们说话时，要留点容纳“意外”的空间，给自己留下转身的余地。人说话留有空间，便不会因为“意外”出现而下不了台。所以，很多人在面对记者的询问时，都偏爱用这些字眼，诸如：可能、尽量、或许、研究、考虑、征询各方意见……这些都不是太肯定的字眼。他们之所以如此，就是为了留一点儿空间好容纳“意外”；否则一下子把话说死了，结果事与愿违，那不是很难堪吗？

一家晚报的记者小费受命去采访一个重要事件。领导知道这次采访任务重，因此在给他安排工作时就特意问他有没有问题，小费不假思索地拍着胸脯说：“没问题，包您满意！”领导看他那么有把握，也就没再说什么。

可是，过了三天，没有任何动静，连起码的工作反馈也没有。领导只好主动找小费追问采访工作进展如何。小费这才老实地说：“不如想象的那么简单！还没有采访完呢。”当时领导虽然没说什么，但是对小费却已形成了喜欢说大话、做事草率的印象，并且开始对他有些反感。由于小费的延误，导致整个部门的工作都无法正常完成。后来，领导再也不委任他重要的任务了。

这就是做事欠考虑的结果，如果小费当初能仔细分析一下困难在哪儿，提出比较好的采访方案，即使晚几天，领导也会理解的。可他没有那么做，轻率地答应了下来,才落得工作没做好而又遭领导嫌弃的下场。

这是把话说得太满而令自己陷入窘境的例子。当领导委托你做某事时,一定不要不假思索地满口应承,至少也要冷静一分钟,考虑这件事自己能不能办得到、办得好。把自己的能力与事情的难易程度以及客观条件是否具备结合起来考虑,然后再做决定。这样做能显出你的谨慎,领导会因此更信赖你,即便事情没做好,也不会责怪你。

有许多诺言是否能够兑现,不只是决定于主观的努力,还有客观条件的限制。有些在正常情况下可以办到的事,后来因为客观条件起了变化,一时办不到,也是常有的事。因此,我们在工作中,不要轻率许诺,不要斩钉截铁地拍胸脯,而是应留有一定的余地。

吃饭吃个半饱才有助于健康,饮酒饮到微醺才能体会到饮酒的快感,做人也是同样的道理,就像两车之间的安全距离,要留一点缓冲的余地,才可以随时调整自己,进退有据。

1. 可以答应,但不要“保证”

当别人有求于你时,对别人的请求可以答应,但不要说“保证没问题”,应以“我尽量”“我试试看”回答。用不确定的词句可以降低人们的期望值,即使不能顺利地完成任务,对方因对你期望不高也能尽量谅解;你如果能出色地完成任务,他们则会喜出望外,对你高看一眼。

2. 采取拖延性的许诺

对一些可能会拖延很长时间的事情,采取拖延性的许诺。有些事情,根据时间的变化,具体情况也会发生改变。如果许愿时加入一些拖延时间的概念,比如像“年底”“下一年度”等,根据具体情况的变化灵活应变,效果会更好。

3. 许诺时应加以一定限制

对自己主观努力无法解决,只能在特定客观条件下才能解决的事情,许诺时应加以一定限制。例如“在符合政策的前提下”“如果法律规定可以的话”等,既能体现出自己的诚恳,又留下了余地,表达了自己主观努力的良好态度。

在如今复杂多变的社会，说话不留余地等于不留退路，为此付出的代价有时是你无法承受的。与其蛮力逞能，不如多用一些和缓的说话方式。凡事要留有余地，不要把话讲得太满，要收放自如，在适度和完美之间找到平衡，从而让自己立于不败之地。

讲究方式，学会拒绝

做人不能太单纯，对于非分的要求，我们要敢于拒绝，同时也要善于拒绝，要做到既能够拒绝别人，又不让对方太尴尬太难堪。在生活中，我们每个人或多或少都拒绝过别人，谁也不可能做到对任何人都有求必应。但是，同时我们也认识到，拒绝并不是只要对一个人说“不”那么简单，生硬的拒绝，必定会让对方感到难堪，无地自容。所以说拒绝一个人容易，而难的就是如何拒绝，怎样拒绝。

简单生硬地拒绝别人，会显得你不近人情。我们在拒绝别人的时候，应当注意不要损害了他的面子。如果因拒绝而让他们丢了面子，那么他们心中产生的不满是在所难免的。可是如果在拒绝别人时讲究方式，既不让他丢面子，又使他能非常体面地接受拒绝，结果必然会大不相同。

拒绝他人，当然会引起对方的一些不快。那么，怎样才能尽量地把这种不快控制在最低限度之内呢？这就需要我们在拒绝的时候要十分巧妙。拒绝对方，你可以采用委婉含蓄的方式，既可以达到目的，又不影响彼此之间的关系。

1. 间接拒绝

所谓间接拒绝，就是用温和与曲折的语句，来表示拒绝的意思。和直接拒绝比起来,它非常容易让对方接受。因为它在一定程度上顾全了被拒绝者的自尊心。

比如一位男士送内衣给一位关系一般的女士。如果这位女士反唇相讥:“这是给您妈买的吧?”那就变成泼妇了;不如婉言相拒,可以这样说:“它很漂亮。只不过这种式样的我男朋友给我买过好几件了,留着送你女朋友吧。”这么说,既暗示了自己已经“名花有主”,又提醒对方注意分寸。

2. 先肯定后否定

对对方的请求不要一开口就说“不行”,而要表示理解、同情,然后再据实陈述无法接受的理由,获得对方的理解,自动放弃请求。

如果你的一位同事想把本应由他自己完成的工作转嫁到你的肩上,你千万要避免出自本能的拒绝:“哎呀,你的事我可干不来。”为了慎重起见,你不妨这样对他说:“我非常愿意帮你的忙,但事不凑巧,我手头的那份工作还没干完。依我看,你的能力和素质完全可以胜任,不妨你先干起来,或许我还能帮你干点别的什么?比如说,今天我要上街买东西,你不顺便带点什么吗?”这种带有相反建议的拒绝,合情又合理,对方还能有什么好说的呢!

3. 转换话题

在不好正面拒绝的时候,就只好采取迂回的战术,转换话题也是一个好办法。对方提出某项请求,你却有意识地回避,把话题引到其他事情。这样,既不使对方感到难堪,又可逐步减弱对方的企求心理,达到委婉拒绝的目的。

一位精明的家庭主妇,可以让任何推销员都心服口服地打退堂鼓。她会说:“哎呀,真不巧,我的儿子也是推销杂志的啊……”到这个地步,就是再顽强的推销员也会知难而退。

4. 敷衍式拒绝

“敷衍式拒绝”,是最常见、最常用的一种拒绝方法,敷衍是在不便明言回绝的情况下,含糊回避请托人。敷衍是一种艺术,运用好了会取得良好的效果。

有关人士的个人经验是“一拖二推三找理”。一拖：把事情往后拖，这样回答：“好的，我来做，不过这会儿我手上还有一些业务、还有领导安排的事情，可能这事要耽搁一下……”二推：把事情往别人身上推，这样回答：“好的，我可以做，不过，我对这事不是很熟悉，以前一直都是小高做的，要不您看还是他牵头来做，我配合他，再学习一下……”三找理：找制度、规范、责任等进行拒绝，这样回答：“我做没问题，但是按岗位划分，这个不是我的事情，我担心出错后责任怪罪下来，对领导您不利……”

避开实质性的问题，故意用模棱两可的语言做出具有弹性的回答，既无懈可击，又达到了拒绝的目的。

在人际交往的过程中，善于拒绝者，既可以使自己掌握主动，进退自如，又可以给对方留足“面子”，搭好台阶，使交际双方都能免于尴尬。

说话讲究分寸，开口分清场合

在生活中，有些人看似伶牙俐齿、说起话来口若悬河，然而心里想什么就说什么，完全不看是什么场合，结果无意间冒犯了他人，破坏了交际效果。这完全是缺少场合意识的结果。

正因为受特定人际关系和场合心理的制约，有些话只能在某些特定场合说，换一个场合就不行。同样一句话，在这里说和在那里说也有不同的效果。因此，在人际交往中，说什么，怎么说，一定要顾及场合、环境，才有利于沟通。不顾及场合的信口开河是不值得提倡的。

美国总统里根一次在国会开会前，为了试试麦克风是否好使，张口便说：“先生们请注意，5 分钟之后，我将对苏联进行轰炸。”一语既出，众皆哗然。里根在错误的场合、时间里，开了一个极其不当的玩笑。为此，苏联政府提出了强烈抗议。这说明,在庄重严肃的场合,说话应注意分寸。

有些人说话之所以惹恼人,是他们不分场合随意开口的结果。说话必须要讲究场合,不注意这点,说一些不适宜场合气氛情境的话,往往会与初衷背道而驰。对于这些人来说,当务之急在于增强场合意识,懂得不同场合对说话内容和方式的特定限制和要求,时时不忘看场合说话。

在不同场合中,人们对他人的话语有不同的感受、理解,并表现出不同的心理承受能力。比如,在小场合和大场合、家庭场合与公众场合,人们对于批评性说法的承受能力有明显的差异。

而同样的内容,由于场合的不同,说话的方式也应不同。只有依据不同的场合,选取最恰当的词语,才能准确地表达自己的思想感情,才能有效地防止祸从口出,这就需要我们对一些场合有正确的认识。一般而言,说话的场合有以下几种。

1. 正式场合与非正式场合

在正式场合说话应严肃认真,事先要有所准备,不能毫无逻辑。在非正式场合,则可以随便一些,像聊家常一样,这有利于促进感情交流,谈深谈透。有些人说话文绉绉,有些人讲话俗不可耐,就是没有分清正式场合与非正式场合的界限。

2. "自己人"场合和"外人"场合

我国传统文化讲究对"自己人"可以无话不说,"自己人"指的是亲戚朋友等关系比较近的人,在他们面前即使说了些出格的话,他们也都能包涵。而在"外人"面前,则应小心提防。遵循内外有别的界限说话,是恰当得体的,违反这一界限,便会被认为是"乱放炮"了。

3. 喜庆场合与悲痛场合

说话应与场合中的气氛相协调。常言道:"人逢喜事精神爽"。在对方喜事临门时,我们找其交谈,对方会不计前嫌,而且会认为是对他成绩的肯定、人格的尊重,从而也就乐意接受你的话。在对方心情不好时,你说什么话对方也听不进去,还会认为你这个人太不懂事。

有位记者曾去采访一支刚与著名足球队交过锋的某球队领导。一进门，发现休息间气氛沉闷，一位球员铁青着脸，圆睁着眼，他赶紧退了出来，取消了这次采访。后来，这位记者才知道，这支球队吃了败仗，正在怄气。倘若当时不看脸色，硬要不知趣地采访吃败仗的“将军”，非挨骂不可。这位记者就很有经验，懂得采访的“火候”。

4. 适宜多说的场合与适宜少说的场合

如果对方很忙，时间很紧，说话就得简明扼要，假如跟他谈笑风生，海阔天空地聊，即使主观愿望是好的，但也一定会引起对方反感，甚至会让对方下逐客令。

说话看场合，是做人成熟的表现，同时，也是一种保护自我的手段。只有这样你才会成为一个受人欢迎的说话高手。

慎言少祸，给自己的嘴上加把锁

有一句老话说得好：“言多必失，祸从口出。”意思就是说，每个人都应该管好自己的嘴，防止说话时不讲分寸，把不好口风，结果给自己带来灾祸。

人总有心情不愉快的时候，讲起话来不免会愤世嫉俗，说出许多过头的话。一个人总是滔滔不绝地说话，说得多了，言语中就自然而然地会暴露出许多问题。例如你对事物的态度、你对他人的看法、你今后的打算等。一旦从言语中流露出来，被他人所了解、闲传，就容易造成误解、隔阂，进而形成仇恨。

言谈的灾祸，主要表现在以下两个方面：一是对身边的人和事评头论足，正是这种不考虑后果的高谈阔论，惹怒了领导和同事，从而埋下了灾祸的导火线；二是在众人之中鼓唇弄舌，搬弄是非，像长舌妇一样，今天道东家长,明天说西家短,这种缺少修养的言谈,没有不遭到报复的。

隋朝名将贺敦立有大功,他因为对朝廷赏赐不公心怀不满,便口出怨言,结果被权臣宇文护逼令自杀。临死时,他叫来儿子贺若弼说:“我因口舌而死,你不能不记住!”接着用锥子将贺若弼的舌头刺出血来,以此告诫他慎言少说。

贺若弼开始还能记住,经常以“遇事三缄其口”来提醒自己,可随着他功劳日大、地位日高,便把父亲的告诫忘到脑后去了。同父亲一样,他也因对朝廷封官不满而大发牢骚,被免去了官职。他不接受教训,反而怨言更多,于是被逮捕下狱,继而被处以死刑,重蹈了父亲的覆辙。

常言道,病从口入,祸从口出。做人若喜欢搬弄是非,传递小道消息,喜欢谈论东家长西家短,乐于神侃吹牛,都不是好现象。这种现象若不及早纠正革除,总有一天,会令你自食苦果。身在职场的我们,要尽量少说话,否则稍不注意就有可能自毁前程。

有“未来总理”之称的37岁政治家约翰·布洛戈登,因为在酒会上的超常失态举动,被迫宣布辞职,自毁大好前程。此前,布洛戈登被澳大利亚各方看好,认为他最有可能成为澳大利亚未来的总理。

布洛戈登之所以痛失良机,是因为没能“管好自己的嘴”。之前,他在参加一次酒会时,不小心喝多了。不胜酒力的他立即丑态百出:先是跟几个金发女郎乱调情,然后笑称巴尔的马来西亚裔妻子海伦娜是“邮购新娘”(是指通过婚姻中介挑选男性,并借此出嫁的女性。这是一个带有贬义的用语,具有冒犯性)。巴尔对布洛戈登的言辞十分不满:“我没法接受他的道歉,因为他的话给我的妻子造成了非常大的精神伤害。”海伦娜17岁时从马来西亚到澳大利亚求学,毕业于悉尼大学,后来成为成功的生意人,并且在澳大利亚政界以热情而声誉颇佳。

当时的澳大利亚总理霍华德强烈谴责布洛戈登的言论:“那样说真是大错特错了。我跟海伦娜熟悉,她是一个非常大方热情的人,那样的言论怎么也不应该说。”

后来，布洛戈登在当天匆忙举行的记者招待会上神情尴尬地表示，他对自己的失言表示道歉。这意味着他失去了成为澳大利亚总理的机会。

在职场上，我们每天和同事、领导之间难免有话要说。说什么，怎么说，什么话能说，什么话不能说，都应该有讲究。可以说，在职场上，说话也是一种艺术。很多时候，有些人吃亏就是因为没能管住自己的嘴巴。

我们常说“三思而后行”，实际上，在和人交流的时候，同样要做到“三思而后说”，想好什么该说，什么不该说。有时候，说话欠考虑往往会给我们造成难以挽回的损失。粗心的人说话常常不经仔细思考，只顾自己把话说完，而忽略了“听者”闻后所想，结果无意中得罪了别人，却还不自知。有些人天生爱说话，但是你要明白哪些话能说，哪些话不能说。该沉默的时候闭上嘴巴，是一种智慧的体现。

少说，并不是让我们不说，而是让我们说该说的话，恰如其分地说话，绝不可胡说、乱说。孔子在《论语》里说：敏于事而慎于言，君子三缄其口。身在职场，如果你不能够确定自己要说的话对人、对事是否有益无害或者利多害少，那就不如不说。因此，在工作中，我们应该多做少说，踏实做人。

也许有人会说，少说多做岂不是吃亏了？其实不然，少说多做，正是聪明人的表现。如若能够真正做到少说多做，那你一定会收获更多。

领导面前，别开口就说“越位”话

在实际工作中，作为下属应该找准自己的位置，知道哪些话该说，哪些话不该说，把握好适度的原则，不要越位。如果时时越位去做一些不属于自己职权范围之内的事情，必然会惹得领导不快，更有甚者，还有可能成为领导眼中的“危险分子”。

梅洁是个上进心很强的女孩，工作上有股子拼劲，很受老板的重视。可是近日她却觉得老板在有意刁难她。事情是这样的，由于近期原材料的价格猛涨，梅洁根据实际情况在商品的定价方面做了一些调整，之后她将这重要的情况报告给了老板："老板，我决定在商品的定价方面做出一些调整……"没有说上几句，老板就打断了他，并示意让她回去，"我知道了，以后再说吧。"

在这个案例中，梅洁错就错在自作主张上。她凡事多向领导汇报的意识是很可贵的，但她措辞不当，在领导面前说"我决定如何如何"是最犯忌讳的。

身为下属，切勿以为自己的领导很随和，或者和你的年龄相当，就可以在和他说话时无所顾忌，不分职位高低。其实，即使性格再随和、年龄再小的领导，都会有一种强烈的自我意识：我是领导。所以你要在言语中体现出职位的高低之分。在和领导说话的时候，认清双方的角色是非常重要的，让领导产生"你像是领导"或"领导不如你"的感觉，你的日子可能就不好过了。

比如你可以向老板说："我想向您汇报一件重要的事情，您看您现在方便吗?"这样也许结局就会好了很多。一个聪明的下属，要想得到老板的重视，不仅要工作做得好，还要善于掌握和领导相处的技巧，这样才会让自己脱颖而出。

一天，林立被派往韩国参加一个展览会，当时他非常紧张。他的口语水平还可以，但缺少实战经验。展览会开始后，他大大方方地站在展台前，毫不胆怯地和外商打招呼。

有外商到他们公司展位的时候，他绝不会冒充一个经验丰富的贸易人员，而是直率地告诉他们："我刚刚毕业，还有很多不懂的和不明白的，请多多关照。"

客户有什么问题，他都把它翻译成汉语，直接向他的领导请示。他绝对不会自作聪明自己回答，因为他的答案可能是不正确的。等这个客户走了，下个客户再来的时候，如果问相同的问题，他即使不用再向领导请示，也知

道该怎么回答了。

或许他的诚恳感动了客户，有好几家客户约他们去公司商谈。展览会结束后，为了能够按时赴约，他主动向领导提出，由他在约定日期前，先把路线走一遍，大体方位确定，以便准时谈判。第二天他们很轻松地就到了约定的地点，结果，他们谈得很顺利。

领导从此把一些事情很放心地交给林立办，信任就是对他最大的嘉奖。他的作用自然是别人无法替代的。

在职场做事，遇事不能以自己的想法为主，要清楚谁才是真正的决策者，要善于领会领导的意图，多与领导沟通。

首先，要表现出自己谦逊的品格。在与领导交谈时，千万不要卖弄你的小聪明，更不能锋芒毕露。如果只顾表现自己，只会让领导觉得你狂妄自大。而且，你还要抑制自己的逞强意识，这样才能成全领导的自尊心和权威。比如你可以故意露出个破绽，满足领导的好胜心。

其次，在与领导进行沟通的时候，要尽量寻找轻松自然的话题，把握好交谈的尺度。在交谈的时候，你应该让领导充分发表意见，当需要你进行补充的时候，再适当发表一下见解，这样领导自然会认为你是个有知识、有见地的人，而你也就理所当然会得到赏识。学会与领导和谐相处，得到他的信任和赏识，才能在个人事业的发展上少一些不必要的阻碍。

第7章

别三言两语就被迷惑，学会了解他人内心

单纯的人不会识人，也不去体察人心，因而受伤的总是自己。如果你没有一双善于观察的眼睛，就很可能被一些人的外表所迷惑，上当受骗。社会是很复杂的，生活是残酷的，只有学会留意别人的一举一动，做到洞悉他人，在人际关系之中才会有胜算。

越单纯的人，越不会体察人心

生活中，我们要跟各种各样的人打交道。这就需要我们对别人时时作出判断，以保护自己，发展自己。

识人，说得简单一点就是通过对他人种种行为的观察，来达到对他人性格及内在品质的了解，也就是看清一个人的内心世界和真面目。人心是很复杂的，要读透一个人不容易。从某种意义上而言，人是一部复杂的、难以读尽也难以读透的大书。人有坏人与好人之分，有真君子与伪君子之分。有的人表面诚实而心藏杀机；有的人表面愚笨而内里聪明；有的人自作聪明而实则愚蠢；有的当面一套背后一套……难怪人们常说，天下者，知人为难。要认识一个人是容易的，要深入了解一个人却很困难。

识人之所以难，难在人心变化莫测。生活在这个世界上，无论各行各业，三教九流，只要存在着人与人之间的交往，就离不开识人。领导识人是为了知人善任，而商人为了赢得顾客也需要体察人心。即使是普通人，大到为了成就一番事业，小到为了防止吃亏上当，也都要学会识人。

怎样识人是职场上的一门必修课。会读的人读全面，不会读的人仅读到枝节；会读的人读内在的本质，不会读的人仅读表面的现象。人仅仅能力强、会做事还不够，学会识人才是最重要的。在人际交往越来越频繁、人心却越来越难测的今天，不管是新交或旧识，每天都要打交道。事实上，会不会“识人”，才是能否“成事”的关键。

沈方正是台湾最棒的温泉旅店“礁溪老爷大酒店”的总经理，他平时有观察人的习惯。

初进职场时，他喜欢站在办公大楼前看着来往的人，从人们不同的穿着、表情、动作等方面,猜测他们的性格、职业等,以此磨亮眼光和心智。

在聚餐的场合,他会猜测在座女同事背的是什么包,然后从包的大小、品牌、位置等推测出对方的个性。心思细密的沈方正认为:“女生背的包是最好的性格密码。”比如,习惯拿小包的人心思细密、拿大包的人凡事喜欢自己做主;包可以一眼看到品牌的,个性较直接、容易沟通,看不出品牌的,属于较深沉、有个性的人。开始用餐时,他也会观察对方点什么菜,菜的种类是否齐全等,细致入微的程度,让人禁不住称赞:“眼睛真毒!”

古今中外,凡是有所成就的人,几乎都是观人识人的高手。会观人识人才谈得上用人,而会用人,是创造辉煌业绩的前提。成大事者在进入社会之前都先懂得如何识人,看懂人心是他们成功的重要一环。

美国哈佛大学设有一门“观人学”的相关课程,其实,观人学在中国也并非是一个新生事物。古代考察人才的方法就有文王识才法、庄子识才法、诸葛亮识才法、刘邵选才法、刘向选才法、曾国藩选才法,等等。古今中外,无数的先人们研究总结出了各种各样识人的手段与方法,通过这些手段与方法可以洞察一个人的内心。

通过学习,谁都能成为识人专家。比如,从对人的第一印象,从对方的衣着服饰,从对方的举止,从对方的眼神,从面部表情的变化,从对方的体型坐相等,都可辨识人心。会识人者总是善于从细节中捕捉成功的机会,因为,一个微小的动作,可能已经透露了对方内心的真实想法。观人于细微,察人于无形,迅速地看透他人内心,这样的本事是完全可以学会的。

读人没有那么高深莫测。美国著名心理学家狄米博士说:“我个人的经验告诉我,读人既不是科学,也不算天分。它侧重的是,知道该去看些什么,听些什么。要具有好奇心及耐心,注意收集重要的资讯,并且从一个人的外貌、肢体语言、声音和行为上归纳出他的模式。”

我们只有真正地认识人,才不会把敷衍的谎言当做真诚,才不会错判他人的本意而坐失良机。从外交活动到商务谈判,从求职面试到拜访顾客,谁能最先洞察对方内心的想法,谁就能够赢得成功的主动权。所以,留意别人

的一举一动，做到洞悉他人，在人际关系之中才会有胜算。若想真正做到“知人知面又知心”，就从现在开始“用心”看人吧！

辨人识才，应力求全面。在生活中，要真正了解一个人，需要长时间的、持续的观察。只有通过细致彻底的观察，才能正确评估出一个人的价值并给他合适的信任。身处复杂的社会，对任何细微的变化要加以观察注意，才能进退有据。除了说话以外，一个眼色、一个表情、一个动作都能在特定的语境中表达明确的意思。只要根据对方在待人处世时表现出来的蛛丝马迹，再换个角度仔细分析，就能看清这个人的本质。

杰琳是个家庭主妇，她的朋友介绍她到某个银行去存钱，杰琳对她的朋友说：“这家银行的信用如何我不大清楚，让我考虑一下好吗？”她在考虑的时间里，她注意搜集有关这个银行的资讯，并在一个聚会上见到了这个银行的董事长。她发现这位董事长精神不振，不是一副干事业的样子。杰琳从这个小细节里，认识到这家银行不景气，于是她把钱存进了另外一家银行。过后不久，朋友介绍的那家银行就倒闭了。杰琳如果不会识人，把钱存讲快要破产的银行的话，后果可想而知。

古人说：“见骥一毛，不知其状；见面一色，不知其美。”辨识人才也是这样，不能看某人在某一时、某一事、某一方面的表现，而要从多方面进行观察，进行综合性的思索，然后再作出结论。

朱印是某单位新调来的一位部门主管，据说能力非凡，专门被派来整顿业务。可是时间一天天过去了，他却毫无作为，每天匆匆走进办公室，一待就是一上午。那些本来很紧张的人反而更猖狂了：“他哪是什么能人，根本是个老好人，比以前的主管更容易糊弄！”

几个月过去了，就在许多人感到失望时，朱印却突然发威了——开除庸人，提升能人。下手之快，断事之准，与以前的表现简直是判若两人。

年终聚餐时，朱印在饭桌上向大家解释说：

“相信大家对我新到任期间的表现和后来的大刀阔斧一定感到不解，现在听我说个故事，各位就明白了。

“我有位朋友，买了栋大房子，院子也大而宽敞。他一搬进去，就将那院子全面整顿，杂草野树一律清除，改种自己新买的花卉。一天，原先的房主来访，他一进门，就大吃一惊地问：‘那最名贵的君子兰哪里去了？’我这位朋友这才发现，他竟然把君子兰当野草给铲了。后来他又买了一栋房子，虽然院里更是杂乱，他却按兵不动。到了春天，原以为是杂树的植物，竟开了繁花；原以为是野草的，夏天里成了锦簇；半年都没什么动静的小树，秋天居然红了树叶。直到暮秋，他才真正认清哪些是无用的植物，将之统统铲除，并使所有珍贵的草木得以保存。”

说到这儿，朱印举起杯来：“我敬在座的每一位，因为如果我们部门是个花园，你们就都是其间的珍木，珍木不可能一年到头开花结果，只有经过长期的观察才认得出啊！”

这个故事告诉我们，一个人的真实面目，是需要经过长期的观察才能认清的。我们对此应有所认识，学会抛弃自己先入为主的成见，全面地看待一个人。在日常生活中，我们要养成多听多看的习惯，经常以“看”来验证“听”，以“听”来验证“看”，综合“听”与“看”之后，再作判断。

识人往往容易受忽略细节、感情用事、固执己见等诸多因素的影响，而被识者又往往有复杂而多变的心思，会给辨别带来困难。

那么在职场中，又该如何辨识一个人品质和能力呢？

1. 随时观察

我们可以通过日常工作和生活，对他人进行有意识的观察。留心被观察者的言谈举止，看其觉悟高低、能力大小；通过观察他结交什么人、鄙弃什么人，看其思想状况和品格高低；通过其在关键问题上和关键场合中的表现辨其良莠。

2. 直接面谈

面对面交谈能使我们对考察对象产生直接的感受和较深的体验，从中窥见其思想水平高低、见识深浅。面谈之前，应对被考察者的各种背景材料进行尽可能多地了解。谈话的气氛要轻松愉快，亲切融洽；要掌握谈话的主

动权,善于观察和分析对方的反应。

3. 有意考验

仅仅面谈和观察,有时还不足以识别一个人,这就要求进一步采取一些必要的方法,对被考察者进行一些有目的的试探,在动态中进行考察。比如,可以有意识地把某人放在某环境中,看他的表现;有目的地把某项工作交给他去完成,从而检验他的能力;授意他在某场合发言以考察他的水平,等等。

要知心腹事,且听口中言

心有所思,口有所言。通过语言这个窗口,可以窥视人的内心世界,可以了解一个人的地位、性格、品质及内心情绪,因此听人说话是识人的关键所在。比如:某大酒店的总经理冯先生表示,他主持面试时,故意对前来应征的人采取非常随便的态度;起初年轻人都规规矩矩地应答,但不久,他们的习惯语就会脱口而出,而冯先生就利用这种方式来了解应征者的真实面目。

人的内心思想,有时会不知不觉在口头上流露出来,由此看来,察言观色是很有学问的技巧。

日本名古屋商工会议所急需聘请一位主任。于是,名铁百货公司社长长尾芳朗把自己的一位朋友推荐给名古屋商工会议所的主席土川元夫。

面谈后,长尾问土川他的朋友怎么样,土川回答说:“你的那位朋友不是人才,无法聘用。”

长尾非常吃惊,并有点儿生气地说:“你就和他谈了 20 分钟,怎么就知道他不是人才呢? 你的判断也太草率、太武断了吧!”

于是，土川解释说："他刚和我一见面的时候，就滔滔不绝地说个没完，我根本就没有说话的机会。当我说话的时候，他却左顾右盼，不注意倾听，这是我说他不是人才的第一个原因。其次，他非常喜欢宣传他的人事背景，一会儿说某某要人是他的好友，一会儿又说某位名人是他的酒友，并向我炫耀，好让我知道他也不是等闲之辈。最后，我想知道他有关管理方面的见解，他却又吞吞吐吐说不出来。这种人怎么能称为人才呢？"

听完土川的这番话后，长尾佩服得直点头，认为土川的话非常有道理。

有时候，人所想的是一回事，所说的又是另一回事，他们常常以冠冕堂皇的言辞掩盖其险恶的用心，以获得人们的支持，达到不可告人的目的。但是，只要你细心观察其言行，并加以分析，就会发现他的漏洞。

通过一个话题探索到对方的深层心理，其方式有两种：一是根据话题内容来推测对方的心理秘密；二是根据谈话的方式洞察对方的深层心理，以了解对方的个性。

人们常常将情绪在对一个话题的谈论里不自觉地呈现出来。话题的种类是形形色色的，如果要明白对方的性格、气质、想法，最容易着手的步骤，就是要观察话题与说话者本身的关联程度，从这里能获得很多的信息。这里所说的话题，无论内容是否真实，我们都可引来作为判断的资料，资料越多，我们的判断就越正确。

人的种种曲折的深层心理会不知不觉地反映在措辞上，通过分析措辞常常就可以大体上看出这个人的真实性格。比如，有人总爱说："你明不明白，你懂了吗？"这样的人大都自以为是、骄傲自满。有的人往往说："说实在话，真的是这样，我一点都不骗你。"这样的人总担心别人误解，或是急于博取别人的信赖。而经常爱说"我听别人讲，听说的。"这样的人处世比较圆滑，总要给自己留有余地，怕负责任。

因此，一个人的性格或想法，都在说话方式里表现得清清楚楚，只要仔细揣摩，真实意图就能从言谈的背后逐渐透露出来。

一般人对自己不满意或敌视某人时，说话速度都会不自觉地放慢，甚至

让人感到好像不会说话。相反，当有人心怀愧意或想要说谎时，说话的速度往往会快得吓人。比如，平时能言善辩的人突然变得口吃起来，或者平时说话不得要领的人突然说得头头是道，这就要注意，是否发生了什么事情，使他们发生这么重大的变化。如果人有愧于心，或者有意要撒谎，说话速度自然会变快起来，特别是想取得对方谅解时，不仅速度加快，还会找些话题以图亲近。曾有一位评论家说："男人在外面拈花惹草之后，回家往往会突然对妻子滔滔不绝说很多话。"因为一般人在深层心理有烦恼不安或恐惧等感情时，会以快速说话缓和内心的不安与恐惧。

一个人说话的语速可以反映出他的心理健康的程度、性格特征以及心理变化。一个心理健康、感情丰富的人在不同的环境下会表现出不同的语速。一般而言，说话语速较慢的人比较厚道老实、性格内向，可能会有点木讷；而说话飞快的人比较精明，热情外向，偏向于张扬的性格。

所以，我们在谈话过程中，要注意通过对方讲话的内容及说话速度来了解他们的心理。这使我们在与人相处时提供帮助。

听言关行，多方面了解他人

通过表相认识一个人是一条捷径，很直观，却不是很全面。在现实生活中，许多人的思想并不完全体现在他的表相当中。因此，当你不了解某人时，最好不要轻易被表面现象左右了自己的判断。因为这很可能是一种假象。

美国心理学者奥古斯特曾经做过一个实验，让几个人作出愤怒、恐怖、诱惑、漠不关心、幸福、悲哀等表情，并用录像机录下来，然后，让人们猜测哪种表情是表现哪种感情的。结果是，每人平均只有两种判断是正确的，当表演者做出愤怒的表情时,看的人却认为是悲哀的表情。人是一个矛盾的综合体,人们的喜怒哀乐,远非自身所表现出来的那么简单。欢笑并不一定代表高兴,流泪并不一定代表伤心,拍手并不一定代表赞赏……为此,你要认真分析,学会识别人心,掌握一些辨识他人行为的本领。

鬼谷子认为,了解人物的深层次心理以及相关信息,除了多角度的观察方法外,还需要策略性的试探技巧,这就是“摩意术”。在现实生活中,运用“摩意术”策略性地刺激对方,令其作出反应,通过对这些反应的细致观察与分析,反复地揣摩,就可以得出更为精确的认识。这种“摩意术”,无论是在现代还是古代,都应用得较为广泛。

广州民办学校的教师黄正文,一直有一个大梦想——建一个教育网站。这最少得几百万元,对于他这样月工资仅两千元的人来说,实在是遥不可及。一天,黄正文无意间向一位叫陈焕光的学生家长谈起了自己的梦想。陈焕光就问他:“这需要多少投资?”“500 万元吧。”陈焕光点了点头,没再说什么。可是没想到,时间不长,陈焕光却主动找上门来,说:“我给你 500 万元,你来做吧。”

有了强大的资金支持,黄正文开始大胆干了。不久,一个涵盖中小学全部课程内容的数字化教育资源网站终于打造成功了。一年内,销售额超过了 1000 万元。

这时,有人疑惑地问陈焕光:“你当初怎么敢把 500 万元交给一个毛头小伙子呢?”

陈焕光笑着回答说:“我可不是没有原则地瞎投入,投资之前我是做了一番认真考查的。我最初听小黄说起他的梦想,觉得前景非常好,但不了解他是怎样一个人,所以吃完饭后我就试探他说,‘去洗洗脚吧’。他一听脸就红了,结结巴巴地说,‘我从来没去过那种地方’。我觉得他说的是真的,因为他连喝一杯啤酒脸都会红。

“初步的印象不错,但这显然不够。后来我又提了一个要求,就是让黄老师带我到他老家去看一看,我想知道他在家乡那边为人怎么样。那天,我

很早就起来了，看到黄老师也起来了，没有睡懒觉，他已经把家里打扫得非常干净，东西摆放得也很整齐，我感觉他做事是很有条理的。从他的父母那里，我听到黄老师还为他们在县城里买了一套房子，这让我非常意外，因为他收入并不高，参加工作时间又不长，当时我觉得他对父母很孝顺，这绝不是装出来的，否则他一定不会去买房子。

“考查的结果，黄老师是一个非常踏实的人，做事很认真，值得信任，把钱交给他是让人放心的。回来后我就下了决心，第二天我就把钱打到了他的账户上。”

由此可见，人的本质平时都隐藏着，看不见又摸不着。你必须听到他的语言，又要看到他的行为，才能真正了解他这个人。学会与人打交道，学会了解对方的心理活动，是建立成功人际关系的秘诀。

一般情况下，以行动和言语相对照，是最正确的透视人心之法。但是，如果对方始终没有行为表现，我们也不能一直永无止境地等待下去，必须积极地采取主动，诱使对方有所行动之后，再加以观察。

有一天，魏武侯就有关探知敌情的方法问题，请教大军事家吴起：“和敌军对阵之时，如果不明敌情，应该采取什么策略？”

吴起回答说：“应该采取诱敌之策。当两军交锋的时候，我们先虚应一下，然后退下阵来，借此机会观察敌军反应。如果敌军仍然阵容严整，不轻易追赶的话，表示敌军将领很有智慧；相反的，如果他们一点也没有纪律地追赶的话，就显示出这个将领是愚笨无能的。”

如果我们仅仅依据他人的语言而对其作出结论，难免具有片面性。只有听其言，观其行，洞其心，经过多方面的观察之后，才能真正认识一个人。

破译体态语言，掌握对方意图

人际交往中，对他人的表情、手势等肢体动作进行较为敏锐细致的观察，是掌握对方意图的先决条件。俗话说：眼见为实，耳听为虚。管理培训大师曾仕强说："中国话不是用听的，要用看的，因而'不要专门听他的话'，而要懂得兼顾'看他怎么说'。"这几句话很富有哲理，一方面，与口头语言相比，体态语言所传达的信息要多很多；另一方面，体态语言往往比口头语言更真实。

体态语言是人际交往中一种传情达意的方式。常见的体态语言主要有情态语言、身势语言、空间语言。情态语言，是指人脸上各部位动作构成的表情语言，如目光语言、微笑语言等。表情是内心活动的写照，如果凭面部表情来推测和判断一个人的性格，大致上是有相当的准确性的。

心理学家认为，眼睛是心灵的"窗户"，它能作为武器来运用，使人胆怯、恐惧。常见的瞳孔语言为，在表示反感和仇恨时，瞳孔缩小，还露出刺人的目光；相反，睁大眼睛则表示具有同情心和怀有极大的兴趣，还表明赞同和好感。目光中除了能看出上级与下级、权力与依赖的关系外，还能揭示出更多的东西。

狄德罗在他的《绘画论》一书中说过："一个人心灵的每一个活动都表现在他的脸上，刻画得很清晰、很明显。"如下这些"脸语"是比较容易读懂的：蹙眉皱额表示关怀、专注、不满、愤怒或受到挫折等情绪；双眉上扬、双目张大，可能是表现惊奇、惊讶的神情；瞳孔缩小，表示反感和仇恨；睁大眼睛表示具有同情心和怀有极大的兴趣，还表明赞同和好感；皱鼻，一般表示不高兴、遇到麻烦、不满等。嘴的闭合也会泄露真情，在"哈哈"大笑时，意味着放

松和大胆；“嘻嘻”的嗤笑，是幸灾乐祸的表现；而“嘿嘿”笑时，则意味着讥讽、阴险或者蔑视。

的确，看他说什么，比听他说什么更重要。如果一个人的嘴巴讲一种意思，而表情则讲另一种，我们应当相信他的表情所讲的。

春秋时期，梁惠王雄心勃勃，广招天下人才，以图大业。有人多次向梁惠王推荐淳于髡，于是，梁惠王接连召见了他两次，每一次都屏退左右与他倾心密谈。但这两次淳于髡都沉默不语，弄得梁惠王很难堪。事后梁惠王责问推荐人：“你说淳于髡有管仲、晏婴的才能，我看名不副实呀！要不就是我在他眼里是一个不足与言的人？”

推荐人用梁惠王的这番话问淳于髡，他笑笑回答道：“确实如此，我也很想与梁惠王倾心交谈。但第一次，梁惠王脸上有驱驰之色，想着驱驰奔跑一类的娱乐之事，所以我就没说话；第二次，我见他脸上有享乐之色，是想着声色一类的娱乐之事，所以我也就没有说话。”

那人将此话告诉梁惠王，梁惠王一回忆，果然如淳于髡所言；他非常叹服淳于髡的识人之才。

根据相关研究，一个人向外界传达完整的信息，单纯的语言成分只占7%，而55%的信息都需要由非语言的体态来传达。同时因为肢体语言通常是一个人下意识的举动，它也很少具有欺骗性，所以想了解他人的心理状况时，肢体动作是一个很好的参考工具。

很多时候，肢体动作会在不经意间表露出一个人的心理。如今，大家都知道通过观察面部表情来了解对方的心理，但却很少注意到“手脚动作”的作用，在很多时候，“手脚动作”也会在不经意间表露出一个人的心理。

心理学家认为，手势、表情丰富的人，是容易冲动、特重感情的人；但如果某人手势做得太夸张，那么他就是个敏于对外界作出反应，容易受别人的影响，很苛求的人。谈话时，如果对方双手交叉地抱在胸前，又跷起二郎腿，说明此人内心紧张和不愿袒露心迹。如果在谈判场合看到这种姿势，则说明对方对你缺乏信任，此时只有表示坦诚和信任的手势能帮助你。你不妨手掌朝上地摊开双手,意思是说:“我不会对你有坏心眼。”在谈话的时候你还可以把一只或一双手都伸向对方,这多少可以消除他的警惕心理。

在人际交往中,体态语言是有一定规律可循的。了解这一点,不仅能够使自己的表达方式更丰富,而且有助于更好地理解别人的意图。

第8章

别呆板鲁莽义气行事，交际场上要有智慧

进入社会后，自然免不了会有各种各样的交际应酬，包括去赴宴、参加酒会及其他聚会等。应酬的学问和规则有很多，其中客套、夸赞必不可少。就算对方明知你“言不由衷”，也会感到高兴。社会就是这样，不讲就显得太单纯、有些不通人情世故了。总而言之，交际场上要懂规则，这是一种生存智慧。如果你能在规则内行事，就会成为受欢迎的人。

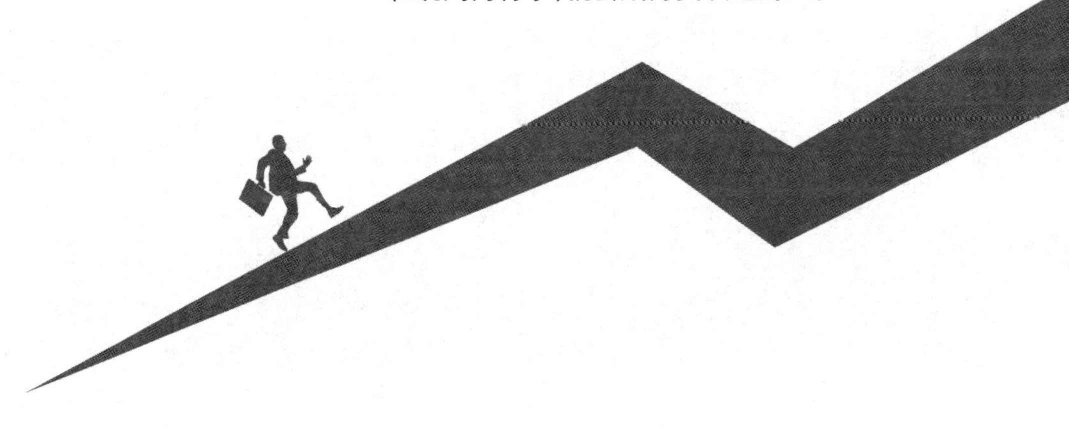

嘘寒问暖是交往的第一级台阶

寒暄，也就是人们见面时打个招呼，以示礼貌和关心。从一定程度上讲，人们之间的交往可以分为几个层次：最初层次的交往表现为一般性的礼貌、客气等，更深的层次的交往才是利益交往。人与人之间的交往离不开寒暄。寒暄是交谈的润滑剂，它能在两个陌生人的谈话之间架起一座友谊的桥梁。因此，寒暄是人际交往中必不可少的一部分。

日本著名的政治家田中义一，非常善于利用寒暄营造温馨的交际环境，来取得预期的交际效果。有一次，他到北海道游览，有位穿着考究的男子走出欢迎行列向他表示问候。田中义一急忙走上前去，紧紧握住那人的双手，十分热情地说道："啊，您辛苦了。令尊还好吗？"那个男子感动得一时说不出话来。田中义一的政治游览，也因此大获成功。事后，田中义一的随从对他的亲密举动十分不解，忍不住问道："那人是谁呀？"田中义一的回答出人意料："我怎么知道，但谁都有父亲吧！"

田中义一交际的成功，无疑在于利用寒暄在男子心目中迅速建立了亲情意识，使男子觉得他是一个值得信赖、和蔼可亲的人，从而在心理上对他产生了认同感。

寒暄是冲破戒备障碍的有效方法。在正式交谈开始之前，应有几句话的寒暄或问候语，它本身并不正面表达特定的意义，但它在沟通中是必不可少的。因为寒暄能使不相识的人相互认识，使不熟悉的人相互熟悉，使沉闷的气氛变得活跃。

与人初次见面，几句得体的寒暄会使气氛变得融洽，如果运用得巧妙得法，双方会因此打成一片，彼此的距离很快就会拉近。

与陌生人见面后的几分钟内，最好作一般性的寒暄，如问候，互通姓名，谈论一些无关紧要的话题等；应避免使对方感到尴尬，不要谈论触及对方隐痛及易于引起争议的话题，也不可漫无边际。

寒暄时要选择一个恰当的时机。先要分析对方当时的心情，再决定打招呼的方式和表情。比如对方家里刚发生不愉快的事，你从其面部表情上就可以判断出来，此种情况下打招呼，声音不要太大，语言也不要太热情，要低调；或用询问式的语言，同时用安慰的语气来打招呼。如果对方脸上喜气洋洋，你便可热情地打招呼，使对方感觉到温暖，进而展开话题。

男士和女士打招呼，语言可热情一些，但要适度，不能过分开玩笑，让对方觉得你太轻薄。

总之，初次见面，寒暄要适度，既要热情亲切，又要温和有礼。这样，才能使对方乐于接近你，从而产生与你进一步交往的愿望。

称呼得体拉近与人的关系

称呼是交往中最基本的礼仪，能够体现个人的修养。称呼得当，可以拉近上下级、同事之间的关系；冒冒失失、没大没小称呼别人的人，在职场上是不受欢迎的。每逢新人入职的高峰期，总免不了会有这样一种尴尬：不知道应该怎样称呼他人。不少人在职场中都遭遇过“称呼的尴尬”，究竟以什么样的方式来称呼他人最合适呢？叫名字太鲁莽，叫哥哥姐姐又有些别扭，叫官衔有谄媚的味道。

孙婷大学毕业后，进入一家公司工作。因为初来乍到，她和许多同事都不熟悉。

四十多岁的金艳是公司的主任。平时，同事之间的称呼非常随便，她也

乐得这样。

有一天，孙婷突然从金艳身后蹿出，拍了拍她的肩膀，说："大姐，请问资料室在哪里？"金艳一下子惊呆了，差点忘记告诉她资料室的方位。后来，金艳说："她怎么能叫我大姐呢，这个称呼实在太恐怖了。"直到几个礼拜后，金艳还是耿耿于怀："怎么能叫大姐呢，就算叫声姐姐也比大姐好得多。"

金艳善意地提醒孙婷，以后在称呼上要多加注意。

孙婷吸取教训，嘴巴变得很甜，经常老师长、老师短地请教领导和同事，没过多久就和大家处得很好。可孙婷发现，每当她称呼老张"张老师"时，对方就皱起眉不愿搭理她。经过侧面打听，孙婷才明白原因所在。老张的学历、工资待遇都不如自己，只是个普通的办事员，听到孙婷称呼他为老师，以为是在讽刺他，心里很憋气。孙婷觉得叫姓名不尊重，叫老师对方又不接受，她一时陷入了两难境地。

其实这样的难题还真多。根据智联招聘的调查显示：90% 以上的新人曾遭遇称呼烦恼。而且称呼的烦恼即使老职员也经常遇到。职场称呼作为一种相互之间交往的礼节，也越来越引起人们的关注。正是因为礼数多，不能小视，才导致称呼的难度随之加大。再加上时代的变化，人与人之间的称呼也悄悄跟着变化，因此，怎样称呼他人确实需要好好琢磨琢磨。

新人刚到单位，要先问问同事或者留心听听别人怎么称呼，不要冒冒失失随便按照自己的想当然来称呼对方。对方要求你直呼其名，你作为一个新人，最好不要那样叫。礼多人不怪，即便是生疏一点，也总比不尊重对方的"自来熟"要好，因为让你直呼其名完全有可能是对方的客套。而且，在职场上，过分地表现亲昵不值得提倡。亲昵，可以用在下班后的非正式场合。如果实在不清楚该怎么称呼，第一次也可以客气地说："对不起先生，我是新来的，不知道我该怎么称呼您？"不知者不怪，一般对方就会把通常同事对他的称呼告诉你。

职业顾问认为，其实称呼没有必要绝对化、固定化，在不同的情况下，应有不同的称呼。新进入一个单位，最好能够熟知它的企业文化。同事之间的称呼是企业文化的一种体现，一个企业以什么类型的称呼为主，与企业管理者的风格、个性有紧密关系。

在以氛围自由著称的欧美企业中，无论是同事之间，还是上下级之间，一般互叫英文名字，即使是对上级甚至老板也是如此。如果用职务称呼别人，反而会让人觉得和环境格格不入。而在等级观念较重的国有企业，最好以行政职务相称，如张经理、陈总等，能表示对对方的敬重。

在由学者创办的企业里，大家可根据创业者的习惯，彼此以“老师”称呼。这个称呼还适用于文化气氛浓厚的单位，比如报社、电视台、文艺团体、文化馆等。

在注重团队合作的企业、学习型企业里，等级观念比较淡化，大家以行政职务相称的情况比一般企业要少，互称姓名的情况较多。

在私下里，同事之间的称呼可以随便一些。女孩子可叫她的小名，如小丽、小燕；对男性可称“老兄”“老弟”等。不过，使用昵称要注意把握分寸，不能不看对象、不分场合地乱叫一气。

要做到称呼得体，还要看场合。在办公室、会议室、谈判桌上等正式场合，要用正式的称谓；而在聚餐、晚会、活动等娱乐性的场合里，则可以随意一些。

总之，你在称呼上得体，也是给旁边的人做了个榜样。在别人面前给对方面子、尊重对方，对方会觉得你很职业。这样的人，容易赢得他人的好感与信任。

赞美能产生神奇的功效

单纯的人一向排斥恭维，其实他们自己内心未必不喜欢别人恭维，但就

是自己不会也不愿恭维别人，他们觉得这太肉麻，又太丢面子，因此经常三缄其口，在社交场上备受冷落。

其实，赞美和恭维，是人际关系中的“润滑剂”，更是待人处世中不可缺少的生存智慧。美国著名作家、幽默大师马克·吐温曾说过：“一句赞美的话能当我十天的口粮”。喜欢听好话、受赞美是人的天性之一。当我们听到别人对自己的赞赏，并感到愉悦和鼓舞时，不免会对说话者产生亲切感，从而使彼此之间的心理距离缩短、靠近。人与人之间的融洽关系就是从这里开始的。

法国总统戴高乐在 1960 年访问美国时，在一次尼克松为他举行的宴会上，尼克松夫人费了很大劲布置了一个美观的鲜花展台：在一张马蹄形的桌子中央，鲜艳夺目的鲜花衬托着一个精致的喷泉。精明的戴高乐将军一眼就看出这是主人为了欢迎他而精心设计制作的，不禁脱口称赞道：“女主人的布置是多么漂亮、雅致呀，这得花费很多时间和精力！”尼克松夫人听了，十分高兴。事后，她说：“大多数来访的大人物要么不加注意，要么不屑为此向女主人直接道谢，而他总是乐于称赞别人。”可见，一句简单的赞美他人的话，会带来多么好的反响。

用诚恳的态度、热情洋溢的话语来直接赞美他人，不仅能表现自己的涵养、友善，而且能使对方感到自我价值被人赞同、认可，从而使其迅速对你产生好感，渴望与你拉近关系，深入交往。在许多场合，适时得当的赞美常常会发挥它的神奇功效。所以，我们要想获得对方的好感，就要时刻练习如何在最短的时间里找出对方更多的优点，并大声地告诉他。

小古在大学毕业后想进入某公司工作，但他没有盲目地去应聘，而是花费了很多精力，广泛收集该公司经理的有关信息，详细了解这位经理的奋斗史。一天，与经理见面后，他这样说道：

“我很愿意到贵公司工作，我觉得能在您手下做事，是最大的光荣。因为您是依靠个人奋斗取得成功的。我知道您 10 年前创办公司时，只有一张桌子和一部电话，经过您的艰苦奋斗，才有了今天的事业。您的这种精神令我钦佩。我正是奔着这种精神才前来接受您的挑选。”

所有事业有成的人，差不多都乐于回忆当年奋斗的经历，这位经理也不例外。小古一下子就抓住了他的心，一番话引起了他的共鸣。因此，这位经理乘兴谈论起他自己的创业经历。小古始终在一旁认真地聆听，不时以点头来表示钦佩。最后，经理向小古很详细地问了一些情况，最终拍板：“你就是我们所需要的人。”

在职场中，如果能对他人进行真诚的赞美，那对于创造一种融洽的人际关系将起到积极的作用。赞美是一门学问，也是一门功夫，里面的诀窍不少。有些人的赞美技巧可谓炉火纯青，既没有阿谀逢迎之嫌，又能让人开心。

赞美对方恰如其分，恰到好处，会让对方感到很舒服；但赞美得多了，或没有新鲜感，会让对方吃不消。总体来说，要想学会正确地赞美别人，一般都要注意以下几点：

1. 赞美要有真情实感

赞美要有发自内心的真情实感，这样的赞美才不会给人虚假和牵强的感觉。带有情感体验的赞美既能表达出自己内心的美好感受，对方也能够感受你对他真诚的关怀。这样，别人才会对我们的赞美感兴趣，我们才能获得理想的效果。

2. 赞美要翔实具体

在日常交往中，应从具体的事件入手，善于发现别人哪怕是最微小的长处，并不失时机地予以赞美。赞美用语越翔实具体，说明你对对方越了解，对他的长处和成绩越看重，越能让对方感到你的真挚、亲切和可信，你们之间的距离就会越来越近。如果你只是含糊其辞地赞美对方，说一些“你工作得非常出色”或者“你是一位卓越者”等虚空的话语，不仅会引起对方的猜度，甚至会产生不必要的误解和矛盾。

3. 赞美要把握好时机

赞美中认真把握好时机，是十分重要的。当你发现对方有值得赞美的

地方，要善于及时大胆地赞美、恭维，千万不要错过时机。而不合时宜的恭维，无异于南辕北辙，结果只能事与愿违，起不到应该起的效果，甚至还会产生一定的副作用。

总之，俘获人心最有效的方法就是尽可能地去赞美他，以赞美为首要手段，辅以人际沟通的其他技巧，那么，你将无所不能。

在交际中说好该说的“场面话”

在各种各样的社交场合，除了掌握寒暄和赞美的技巧，学会说“场面话”也必不可少。

小胡刚毕业进入单位不久，一天，他去参加一个酒会，有个外国商人过来跟他打招呼，他马上放下酒杯，与对方握手。对方笑着问他：“为什么你的手冷冰冰呀？”他赶紧解释，朝那杯冰酒乱指。对方马上摇头：“不不不，你只需要说‘但我的心是热的就行了。’”

一句话提醒了小胡。其实对方并不关心为何他的手是冷的，而他也并无义务解释为何自己的手是冷的。不过是两个陌生人找个话题混个脸熟而已，什么话开心，什么话可以博个笑脸，就讲什么话。

善于应酬的人，也就是公认的社交高手，总能漂亮地讲好“场面话”，从而掌握让他人愉悦的遥控器。这样的人，肯定会大受欢迎。

有些人在思想上没有场合意识，不管什么场合他都习惯从主观意识出发，以为心里怎么想，嘴上就怎么说，丝毫不考虑别人的感受，这样往往会冒犯别人。比如：在寿宴上对着寿公寿婆大谈人寿保险的好处；对着孕妇说，这年头养孩子没什么好处，翅膀长硬了就飞了；对新郎新娘说今天喜宴的菜好吃极啦！下回别忘了再请我，我一定捧场；别人就要出远门旅行了，却对他大谈今年发生了多少飞机失事的意外事件……这样的人是冒失鬼，走到哪里都会招人反感。

人生需要善言，因此在公众场合，要时刻注意自己的言行，切忌有口无心。我们不妨随时将赞许别人的表情挂在脸上，多给别人“捧场”。“场面话”就是感谢加称赞，如果你能讲好“场面话”，对人际关系必有很大的帮助。那么该怎么说场面话呢？

1. 说好当面称赞人的话

去别人家做客，要谢谢主人的邀请，并盛赞菜肴的精美丰盛可口，再根据实际状况，称赞主人的室内布置、小孩的乖巧聪明等。这种场面话所说的有的是实情，有的则与事实有相当的差距，但只要不太离谱，听的人十之八九都感到高兴，而且旁人越多他越高兴。

赴宴时，要称赞主人选择的餐厅和菜色，当然感谢主人的邀请这一点绝不能免；参加酒会，要称赞酒会的成功和你是如何有“宾至如归”的感受；参加会议，如有机会发言，要称赞会议准备得周详等；参加婚礼，除了菜色之外，一定要记得称赞新郎新娘的“郎才女貌”。

2. 说好当面答应人的话

当面答应人的话包括“我全力帮忙”“有什么问题尽管来找我”等。说这种话有时是不说不行，因为有碍于对方的人情，当面拒绝场面会很难堪，而且会马上得罪人；对方若缠着不肯走，那更是麻烦，所以用“场面话”稳住局面，能帮忙就帮忙，帮不上忙或不愿意帮忙再另找理由，总之，这时的场面话有缓和局面的作用。

说“场面话”的“场面”当然不只是这些，不过大概离不了这些场面。至于“场面话”的说法，也没有一定的标准，要看当时的情况决定。不过切忌讲得太多，要点到为止最好，太多了就显得虚伪而且令人肉麻，这样就让人看出真面目了。

总而言之，说“场面话”也是一种生存智慧，也是一种必要。如果能讲好“场面话”，你也会成为受欢迎的人。

事后向人致谢的学问

在生活中，我们经常听到诸如“谢谢您”“多谢关照”之类的话。这样的话不但可以向别人表示感谢，还能建立融洽的人际关系。它可以缩短与他人之间的距离，从而使交往变得更简单容易些。

很多时候，感谢话不仅能表示礼节和谦虚，更能表明对对方的尊重。所以，我们在求人做事时，即使对方只满足了你的一点点请求，也应真诚地说一声“谢谢”。如果你忽略感谢别人的重要性，只把感激之情埋在心底，对方会有一种不快的感觉，他不仅会觉得自己的劳动成果没有得到肯定，还会认为你不尊重他，今后也不会再帮助你了。

大多数人都有一个弊病，用人前好话说尽；事成后，半句感谢也不言。让人觉得世态炎凉，伤透了助人者的心，以致让助人者以后对登门相求的人，不肯轻易应诺。因此求人办了事之后，即便你事先送了礼，也别忘了再道声“谢谢”，这是非常明智的做法。

擅长交际的谙熟客套的法则，正如培根所说：“得体的客套同美好的仪容一样，是永远的艺术。”

毕伟在一所大学当老师，最近他饭局不断。其中既有受邀参加的，还有一些是他主动张罗的“感谢饭”。他说：“我去年调职，托了好几个朋友帮忙，年底请他们吃个饭，一来表示一下感谢，二来加深一下感情，以后再办事就更方便了。”正所谓“谢意多，朋友多；朋友多，好事多”。表达谢意可以帮助我们认识许多朋友，缩短与他人之间的距离，从而使交往变得更简单融洽。

向别人表示你的感谢是一个积极有意义的举动。从你那里得到过感谢的人，会希望将来再次受到你的感谢和肯定，因为他看到自己对你的帮助能够被你认可和赞赏。你的衷心感谢也会换来他的真心相报，日后，对方还会乐意帮助你的。

马克是一家电脑公司的编程员。一次在工作中遇到一个难题,他的同事主动过来帮助他。同事一句提醒的话使他茅塞顿开,很快就完成了工作。马克对同事表示了感谢,并请这位同事喝酒,他说:“我非常感谢你在编那个计算机程序上给我的帮助……”

从此,他们的关系变得更近了,马克也因此在工作上获得了很大的成绩。

马克很有感触地说:“是一种感恩的心态改变了我的人生。我对周围人的点滴关怀和帮助都怀抱强烈的感恩之情,我竭力要回报他们。结果,我不仅工作得更加愉快,所获帮助也更多,工作也更出色,我很快获得了公司加薪升职的机会。”

如果你对别人的帮助表示一下谢意,那么彼此的关系就会因此发生变化,彼此之间的距离也缩短了,感情就有了呼应和共鸣。对方在兴奋欢悦之余会给予你更多的关照、更好的回报,这样交际气氛就会更加友好和谐。

无论是什么人都应该学会感激为你办事的人。事成后,找个时间去向为你提供帮助的人表示感谢,这种做法,会让当事人心里暖烘烘的。登门致谢,不同于有事相求,你不必重“礼”相加,多送几顶“高帽子”,多说几句感谢话,温暖一下他的心就够了。

事成后登门致谢,可以开门见山地表示谢意,“那件事多亏了您从中帮忙,如今都办成了,我特意感谢您来啦!”一句话,让对方心中阳光灿烂,话题由此发挥,少了些功利,多了份悠闲,彼此更容易沟通。

事成后致谢,我们可以这样说:“您看,上次那事没少麻烦您,如今事情办成了,我心里非常感谢,所以今天过来跟您坐一坐,聊一聊……”对方听了你的这番话,会非常感动并且加深对你的好感的。

虽说求人帮忙是被动的,但事成之后要主动谢恩。如果让别人觉得你会办事,求别人办事自然会很容易,有时甚至不用你自己开口。因此可以说,事后致谢是人情关系中最为精明的一招。

第9章

别总把自己撇在一边,三分能力七分交际

人多好办事,所以我们要广交朋友。人际交往就是用一生的时间来经营友情,多注意对周围的人做点感情投资是值得的,我们要抓住一切机会,为自己营建朋友网络。投资朋友,一是尽力扩大交际圈,二是尽力将那些有价值的人拉进你的圈子。上有贵人提携,下有朋友支持,将会极大地促进你的事业的发展。

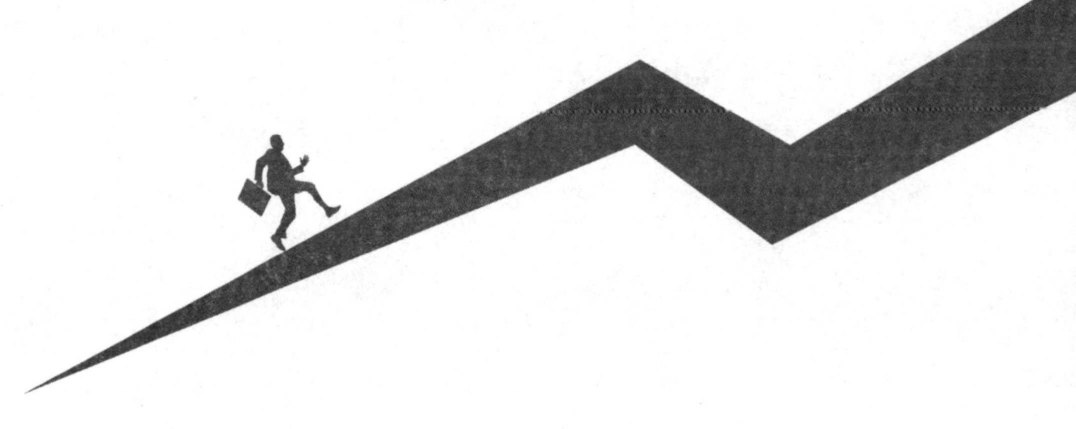

别让你的成见将他人拒之门外

“物以类聚，人以群分”，一般的人都愿意同和自己性格相近的人相处，这本无可非议。一个人要和所有的人都成为亲密朋友，那是不实际的、不可能的。但是，如果我们能学会和各种不同性格的人打交道，工作起来就能相互协调，这样才会对自己有帮助、有好处。

比尔·盖茨能成为世界首富，其中最重要的因素就是他能和不同性格的人交朋友。创立微软公司后不久，盖茨在 20 岁的时候，就跟著名的 IBM 电脑公司签下了第一份合约。盖茨之所以可以签到这份合约，是因为他母亲是 IBM 董事会的董事，她介绍儿子认识了董事长。另外，比尔·盖茨最重要的合伙人保罗·艾伦等人不仅为微软贡献了他们的聪明才智，也贡献了他们的人脉资源。

在日常生活中，我们总会遇见一些让自己心生厌恶的人。当见到这类人、听到这类人的声音时，我们都会产生自然的心理反应。但是，我们要明白，这是非常不理智的，这样容易造成互相敌对的局面，对自己害处多多。所以，为了避免到处树敌，我们应试着和自己不喜欢的人交朋友。

假如一直抱着冷漠的态度，那你将会错过许多对你来说非常重要的人，纵然像盖茨和巴菲特这样杰出、聪明的人物，也有可能与真正值得交往的人失之交臂。

世界首富比尔·盖茨和世界第二富翁沃伦·巴菲特曾经是两个互不相干的人，两人之间甚至还存在很深的偏见：盖茨认为巴菲特固执、小气，不懂时代先进技术；巴菲特则认为盖茨不过是运气好，靠时髦的东西赚了钱而已。但是，后来他们却成了商场上的知心好友。

在1991年的一天，盖茨收到了一张邀请他参加华尔街CEO聚会的请帖，主讲人就是巴菲特，他不屑一顾，随手丢到了一旁。盖茨的母亲微笑着劝儿子："我倒是觉得你应该去听听，他或许恰好可以弥补你身上的不足。"母亲的话让盖茨清醒了许多，决定去见一下这位大他25岁的前辈。

在聚会场所，同样对对方抱有偏见的巴菲特见到盖茨后，傲慢地说："你就是那个传说中非常幸运的年轻人啊。"盖茨是以一颗真心来结交巴菲特的，因此他没有针锋相对，而是真诚地鞠了一躬："我很想向前辈学习。"这出乎巴菲特的意料，心里不由对盖茨产生了好感。

离会议开始还有一段时间，巴菲特和盖茨有意坐到了一起，一个讲述，一个倾听，两人惊异地发现，他们有太多的共同点，都是白手起家，热衷冒险，不怕犯错误……不知不觉中，时间过去了一个多小时，意犹未尽的巴菲特被催促着来到演讲台上，他的开场白竟然是："在开始讲话之前，我想说的是，今天我第一次和比尔·盖茨交谈，他是一个比我聪明的人……"

随着交往的深入，盖茨逐渐了解了巴菲特：他对金钱有着超凡脱俗的深刻见解；他不但支持妻子从事慈善事业，而且身体力行，计划在自己离世后，将全部遗产捐献给慈善事业；他助人为乐，对待朋友非常真诚、信任，他的人格魅力经常打动每一个与之交往的人……

人与人之间存在偏见，不能相互接纳，往往是缺乏了解、主观臆测的结果。假如先入为主，抱着冷漠和过分警惕的态度，就会与真正值得交往的人失之交臂，留下人生遗憾，甚至改写事业轨迹。主动与人交往，真心与人交往，这是结交朋友的最可靠、最有效的方法。在交往的过程中受益最大的其实还是自己，就像盖茨的母亲所言"他或许恰好可以弥补你身上的不足"。

在现实社会中，新人刚进入公司时，免不了会把学生时代的观念带进来，尽量避免与自己兴趣不同、印象不良的人做朋友，有的人只跟同时进公司且谈得来的人做朋友，或是只和年轻的同事交谈。如果老是这么做的话，难免会使大家对你产生不满。

其实，人与人之间是有差异的，你不能强求别人都和你一样。认识到这

一点，你就会在内心减少一些反感和厌烦的情绪，就能容忍人们相互间性格上的差别。与性格不同的人相处，要学会在不同之中，发现共同之处。你应更多地了解对方，并努力去寻求对方的亲近和认同。

求同存异、携手共进，才是一种成熟的处世方式。只有学会如何与不喜欢的人相处，你才能够顺利进入各种交际场合和圈子里面去，以积极的态度获得大家的认可。

受人冷落时的“热情感化”

每个人都希望自己能和别人建立美好、和谐的关系，然而，要实现这一愿望并非易事。在现实生活中，每一个人，或多或少，或轻或重，都遭遇过“冷落”，不管你是自觉的还是不自觉的、情愿的还是不情愿的，谁也休想与它绝缘。

面对被人冷落的现象，您应当首先承认它的存在，允许它的发生。就是说要有接受被冷落的心理准备。当然，承认冷落的存在，并非是承认它存在的合理性，而是承认它存在的客观性。既然矛盾是客观存在的，那么与其回避矛盾，惧怕矛盾，不如将之解决掉。

每个人都程度不同地尝到过被人冷落的滋味，但人们面对冷落所采取的态度却不尽相同。有的人一受冷落，便变得消沉起来，一蹶不振。在与人交往时，表情不自然，说话也走了样，想好的话也变了调，对方对这样的人当然很难看得起。于是，越受对方的冷落，越感到紧张、不自在，致使心理压力越来越大，形成恶性循环，以致对以后的交往产生恐惧，最终陷入自我封闭、孤独寂寞的困境而难以自拔。

有的人不怕冷落，表现出了一种泰然处之、从容应对的超然境界，结果是使自己渡过冷落，走向“热烈”，发展出了良好的人际关系。

小程毕业后在某外事部门工作。开始时领导和同事们好像对他并无多大的好感，显得比较淡漠。他急于想与几位年龄相仿的同事打成一片，而他们却似乎总是回避他，使他产生了与大家“格格不入”的孤独感，心里很苦闷。

无奈之下，小程去向职场专家请教。当对方得知了他的苦恼之后，笑着开导他说：“他们冷，你就热，就是石头也能焐热！”

小程听了这番话，顿时觉得茅塞顿开。从此之后，他主动接近同事，寻找相互了解的机会。在努力做好自己工作的同时，还主动帮助同事做一些力所能及的事情。比如：他每天都会提前来到办公室打扫卫生，并根据每个人的喜好，帮他们沏上一杯热茶或是倒上一杯开水；不论在工作中还是偶遇同事，小程都热情主动地上前打招呼；单位组织的集体活动，小程都积极参与；遇到同事家有婚丧嫁娶的事情，小程主动去帮忙；有时周末之余、节假日里，小程还主动邀请同事去参加舞会，或者一同去歌厅唱歌。渐渐地同事们对小程的热情有了反映，并开始接受他，小程的人际关系越来越好。

一年后，单位有一个出国深造的名额，经过大家的一致认定，把这个很让人眼红的机会给了小程。

面对冷落，小程的处理方式是“以热对冷”，从而使对方的好感升温。每一个人都需要有丰富的人际交往，并在这个世界上感受帮助与被帮助、同情与被同情、爱与被爱、共享欢乐与承受痛苦。在社会交往中，那些主动去接纳别人的人，在人际关系上较为自信。你的主动交往很重要，特别是当受人“冷落”时，主动解释，消除误解，是重新建立良好的人际关系的关键。

冷落是客观存在的，我们要直面冷落，既不回避，也不惧怕。比如，面对冷落你的人，早上初见面时，可以主动上前去问候一声：早上好；当对方工作忙时，你可以助他一臂之力；当对方乔迁新居时，你可以主动去当个帮手，等等。如果你能这样去想、去做，是完全有可能改变对方的态度的。精诚所至，金石为开。看上去似乎你显得“委屈”了一些，但在他人的心目中，你是

有胸怀的、值得信赖的。人与人之间的交往本来就是这样：你想得到别人的尊重，自己先要尊重别人；你想得到别人的热情，自己先要热情待人；你想得到别人的理解，自己先要理解别人。这样，用自己的热情博得他人的好感；用自己的温情暖化他人心中的坚冰。

交际中存在着互动的心理倾向，你以什么样的态度对人，别人也同样回报你什么态度。有的人在处理人际关系上，总是你对我好，我就对你好；你看不上我，我也不买你的账，这至少是一种不够大度的姿态。人与人之间的交流是双向的，为了以后的人缘更好，当前也许需要你以“热”对“冷”，做出一些必要的让步和付出。

从细小处为自己储备人情

人与人之间是讲感情的。要想获得别人的感情，首先自己要多付出。尽管在当今社会，由于生活节奏的加快，人与人之间的关系较之以前淡漠，但是“人情生意”却从未间断过。要想办事顺利，就要提前准备筹划，为自己储备人情。

事实上，越是亲密持久的关系，越需要不断地对其进行情感投资。因为人与人之间都有一种情感上的期待，这种期待需要不断地以情感来浇灌。所以“感情投资”应该是经常性的，不可似有似无，应该处处留心，善待每一个人，从小处着眼，时时落在实处。分析那些在社交场合广受欢迎的人，其实他们只是参透了人心的微妙，留意了一些不被人注意的小事。人心微妙，事无大小，越是在小事中，越可体现出一个人的风范修养。

推销大师乔·吉拉德有一句名言：“我相信推销活动真正的开始在成交之后，而不是之前。”这种观念使得吉拉德在和自己的顾客成交之后，并不是把他们置于脑后,而是继续关心他们,并恰当地表示出来。吉拉德从来没有忘记他之所以在推销生涯中获得成功,是因为有众多信任他的客户朋友。他由衷地感激他们,因此除了给他们提供周到的服务,还经常给他们赠送小礼品表达心意。每一位客户每年都会收到他的感谢信、生日卡或者圣诞卡,吉拉德每月要给他的一万多名顾客寄去一张贺卡。一月份祝贺新年,二月份纪念华盛顿诞辰日,三月份祝贺圣帕特里克日……凡是在吉拉德那里买了汽车的人,都收到了吉拉德的贺卡,也就记住了吉拉德。

人与人之间关系的好坏不一定只有在大事中才能体现出来,在日常生活的琐碎事之中更能体现出你的友善。既懂得工作的重要,又深知生活的乐趣,随时把心中最真诚的愉悦带给大家,这正是处理好人际关系的要诀。

只有真正关注他人,才能赢得他人的注意、帮忙和合作。我们一定要关心每一个朋友,适时送一些他们喜欢的礼物,在适当的时候问候他们及家人,这样你在人际交往中一定会无往不胜。

蒋平是某电器公司的老总,他平时非常注重人情投资。他的交际方式的与众不同之处是:不仅联络各界要人,对年轻的职员也投入感情。

事前,他总是想方设法将公司内各员工的学历、人际关系、工作能力和业绩做一次全面的调查和了解,认为某个人大有前途,以后会成为该公司的要员时,不管他有多年轻,都尽心款待。他这样做的目的,是为日后获得更多的利益做准备。他明白,诸多欠他人情债的人当中肯定会有人给他带来意想不到的收益。他现在做的“亏本生意”,日后会利滚利地收回。

所以,当自己所看中的某位年轻职员晋升为科长时,他会立即跑去庆祝,赠送礼物。年轻的科长自然倍加感动,无形之中产生了感恩图报的意识。他却说:“我们公司有今日,完全是你努力的结果,因此,我向你这位优秀的职员表示谢意,也是应该的。”

这样,当有朝一日这些职员晋升至处长、经理等要职时,还记着他的恩惠。因此在生意竞争十分激烈的时期,许多承包商倒闭的倒闭、破产的破产,而他的公司却仍旧生意兴隆,其原因是他平时注意人情投资的结果。

可见，“储存人情”应该是经常性的，不可似有似无，从生意场到日常交往，都应该处处留心，善待每一个关系伙伴，从小处着眼，事事落在实处。真正善于利用关系的人都有长远的眼光，能早做准备，未雨绸缪。这样，在危急时就会得到意想不到的帮助。

每个希望有所作为的人，一定要珍惜人与人之间宝贵的缘分，即使再忙，也别忘了沟通感情，比如和朋友吃饭、同客户交谈、聚会等。我们应意识到这些交际的重要性，一方面它能加深现有的关系，另一方面还能拓宽人际交往的圈子。你只需定期与朋友通个电话，发一封电子邮件，或是喝杯咖啡聚一聚，就可能有新的收获，增加许多新机会。

归根结底，人际交往就是用一生的时间来经营友谊。不要忽视人的作用，关爱你身边的人，花些心思维系和培养友谊吧。在人际交往中，多注意对周围的人做点感情投资是值得的。说得世俗一些，你现在钓不到大鱼，就应该对身边的小鱼来一个“全面撒网，重点培养”，为自己创造一个日后发展的人际基础。

第10章 别光顾面试时展现自己，机智应对才受青睐

进入职场之前，要选择最适合自己发展的职业目标，有针对性地应聘。要想获得青睐，讲话策略是关键因素。求职者必须通过简洁、坦诚而富有个性的语言，充分展示自己的实力和素质。对于面试求职中的种种陷阱及圈套，要懂得防备，才不致让自己深陷。求职面试中，请记住：多个心眼儿没坏处，机智应对好处多。

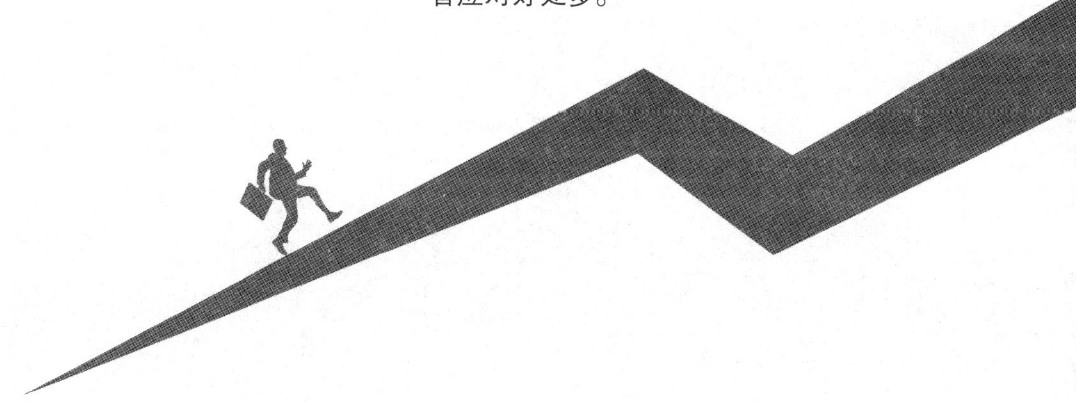

分析自身情况，制订合适的发展规划

在走进职场之前，首先要弄清自己的目标和方向，这样才不会不知所措。有的人本来应该有更大的作为，却因为盲目听从了别人的建议，选择了并不适合自己的职业，结果真正的本事没法施展，甚至随岁月的流逝慢慢地消失殆尽，变得与庸人无异了。待到无情的现实摆在面前，他们方觉得为时晚矣；也有人能当机立断谋取新职，但在求职愈加艰难的今日，有此壮举的人又有几个呢？

郭凯是某名牌大学的研究生，是计算机专业的佼佼者，毕业时一家国有企业执意要招收他，另外也有几家外资企业要网罗他，但他都没答应。

他的目标是公务员。虽然竞争异常激烈，但他经过一番“拼杀”终于如愿以偿。他满心欢喜，以为美好的生活即将开始。可是无情的现实把他最初的梦想击得粉碎。他生性热情，活泼好动，擅长各种球类活动，在计算机软件开发与应用方面更是无所不精。但机关工作却让他整日置身于大量数据的统计、整理之中。他最初的热情开始逐渐消退，工作也不断出现差错，为此受到了主管领导的严肃批评。几年下来，他原有的专业知识非但没有派上什么用场，反而渐渐生疏了，眼前枯燥无味的工作使他感到十分憋闷。当他得知不少同学已经取得了可观的成绩时，百感交集。虽然他也想过要调动工作，但专业知识已经难以补救了，这时他才追悔莫及。

对每个就业者而言，充分地认识自己是尤其关键的一步。如果郭凯当初能够扬己之长，避己之短，而不是盲目地按照从众心理来确定自己的人生路线，那么，命运也许会截然不同。

人在职场，要想求得职业发展，制订一个明晰的职业生涯规划尤其重要。只有根据自身实际情况，选择一条适合自己的路线，才有可能更好地实现自己的人生价值。那么，如何制订职业生涯规划呢？

1. 设定职业生涯目标

职业生涯目标的设定，是职业生涯规划的关键点。一个人事业的成败，很大程度上取决于有无正确适当的目标。目标的设定，是以自己的最佳才能、最优性格、最大兴趣、最有利的环境等条件为依据。

如果你不清楚自己要追求的是什么，属于哪一种类型的人，那么，何不停下来反思一下，借此机会好好地剖析了解一下自己呢？比如，列举出你目前所拥有的优势、资源；列举出你目前的劣势以及不足之处；列举出你目前所掌握的各种机会以及如何寻求更多的机会；列举出你能确知的威胁以及你可以预测出可能出现的威胁。这需要你拿出笔和纸，诚实地面对自己，解析自己，这样你就可以很快确定自己的个性特征，然后据此选定自己将要走的路。

当一个人真正弄清楚自己要走什么路时，那么他在前进时就会更坚决。当一个人真正弄清楚自己需要的是什么时，那么面对诱惑就不会游移不定。

托马森·沃森从某家公司下岗时已经40岁了，但即使在那个时候，他选择职业依然很严格。他先后拒绝了制造潜艇的电船公司和生产武器的雷明顿公司的邀请，他觉得这些公司在将来是没有什么前途的。如果沃森当初没有拒绝那些看似十分诱人的职位，就不会有后来的IBM公司。

总之，多了解自己，就能更准确地知道如何取长补短，趋吉避凶；选择最适合自己发展的人生目标，发挥自己最满意的长处，才更容易获得成功。

2. 制订行动计划与措施

在确定了职业生涯目标后，行动便成了关键的环节。没有实际的行动，目标就难以实现，也就谈不上事业的成功。这里所指的行动，是指落实目标的具体措施，主要包括工作、训练、教育、轮岗等方面的措施。

例如，为达成目标，在工作方面，你计划采取什么措施提高你的工作效率；在业务素质方面，你计划学习哪些知识，掌握哪些技能来提高你的业务

能力；在挖掘潜力方面，计划采取什么措施开发你的潜能等。同时，这些计划要特别具体，以便定时检查。

3. 及时调整

俗话说“计划赶不上变化”。影响职业生涯规划的因素很多。有的变化因素是可以预测的，而有的变化因素则难以预测。在此状况下，要使职业生涯规划行之有效，就须不断地对其进行必要的调整和评估。

掌握好求职面试的说话技巧

人才竞争日益激烈的现代社会，通过面试是获得理想职位的重要一环。要想让主考官在短暂的时间内认识和欣赏自己，讲话策略是一个关键因素。

1. 掌握面谈的开头技巧

虽然面试时间很短，但一个好的开头仍然不可忽视。好的开头，不但可以营造一种和谐的气氛，还能迅速与考官沟通思想，尽快进入正题。所以，如何设计好开头的五分钟至关重要。求职者必须通过简洁、坦诚而富有个性的语言，充分展示自己的实力和素质。以下是几种常用的开头技巧：

(1)简明扼要。说话简明扼要，才能给人留下思路清晰、精明能干的印象。

明达去某公司面试，被问道如何看待自身时，他是这样回答的：“我相信我自己。”当对方问他对公司的印象时，他回答说：“我以前是听说贵公司能让人发挥才能，现在却感受到了贵公司能让人发挥才能。”结果明达很顺利地被录取了。可见，面试时要尽量用最简短的语言，传达尽可能多的信息量，无论是自我介绍还是回答问题，都要做到言简意赅、举例精要、措辞简练，切忌絮絮叨叨，繁复冗长，或口若悬河，答非所问，离题万里。

(2)真诚朴实。面试时,如何表达自己的能力和才干也是一门艺术,如果一味地大讲特讲自己比他人如何优秀,恐怕会给人留下自吹自擂不谦虚的印象。所以,在说明自己的能力时还是真诚朴实些好。

一位刚毕业的大学生在向用人单位介绍自己时说:“由于我平时喜欢打球,所以我的成绩并不怎么好……”结果,他竟被录用了。当然,他可能因具有其他一些长处而被用人单位看中,但是他自我推销的技巧也是可以让人借鉴的。有的学生在介绍自己的成绩时总是强调“非常优秀”,面对自己的不足却讳莫如深。而他却能坦率地承认自己的成绩“并不太好”,这就给对方留下了真诚、可信的印象;而说自己“平时喜欢打球”,实际上是向对方暗示他是一名体育爱好者,因而身体素质不会差,这正是用人单位所关心的地方。总之,他的这种自荐技巧为他的成功奠定了良好的基础。

当然,在介绍自己曾经的成绩时,要注意口气,既巧妙地表露出来,又不显得自我吹嘘,而应给人以自信、谦逊、不卑不亢的印象。

(3)突出个性。富有创新精神和应变能力的人才,是深受用人单位欢迎的。面试中,个性鲜明的语言和行为,能够给人留下深刻的印象,获得用人单位的青睐。具有独创精神的语言和行动,能够帮助我们在强手如云的求职竞争中脱颖而出。

2. 语言得体,要注意一些忌语

求职面试中,恰当得体的语言无疑会帮助你获得成功,反之,不得体的语言会削弱你的竞争力。所以,在求职时要注意一些忌语。

(1)忌缺乏自信 。最明显的就是问“你们要几个?”这样询问是一种缺乏自信心的表现。面对已露怯意的人,用人单位正好“顺水推舟”,予以回绝。“外地人要不要?”一些外地人出于坦诚,或急于应聘成功,一见招聘人员就这样问,结果令对方一时无话可说。因为一般情况下,不是不要外地人,也不是所有的外地人都要,这要看你的实际情况能否与对方的需求接上口,让用人单位觉得有必要接纳你。

(2)忌急问待遇。“你们的待遇怎么样?”“你们管吃住吗？电话费、车费

报不报销？”这些不但令对方反感，而且会让对方产生“工作还没干就先提条件，何况我还没说要你呢”的想法。谈论报酬待遇是你的权利，这无可厚非，关键要看准时机。一般在双方已有初步聘用意向时，再委婉地提出来。

(3)忌报有熟人。面试中急于套近乎，不顾场合地说“我认识你们单位的某某”“我和某某是同学，关系很不错”等等。这种话主考官听了会反感。如果你说的那个人是他的顶头上司，主考官会觉得你以势压人；如果主考官与你所说的那个人关系不怎么好，甚至有矛盾，那么你这样说的后果可想而知。

(4)忌超出范围。例如面试快要结束时，主考官问求职者：“请问你有什么问题要问我吗？”这位求职者欠了欠身子问道：“请问你们公司的规模有多大？中外方的比例各是多少？你们未来五年的发展规划如何？”诸如此类的问题。

这是求职者没有把自己的位置摆正，提出的问题已经超出了求职者应当提问的范围，会使主考官产生厌烦。主考官甚至会想：“哪有这么多的问题？你是来求职，还是来调查情况的？”

谈薪酬应该掌握好技巧

大学刚毕业的杨彤参加某单位求职面试，当主考人员问他：“你的期望工资是多少？”时，他不知所措，在毫无准备的情况下羞答答地报了一个数字，结果因报价太低被人怀疑其能力有问题，失去了工作机会……

对于求职者来说，薪酬与一个人的能力、作用、表现、贡献等息息相关，它在一定程度上决定着你的社会价值和你的生活水准，因而一定要尽力商谈。

尽管面试双方都不讳言薪酬问题，但在用人单位尚未完全了解你的个人情况时，如果直奔主题，给人的第一印象会大打折扣。即使有机会进入商讨阶段，如果开价过高，也难以被对方接受；如果开价过低，吃亏的是自己，还容易被人看扁；闷声不语，又心有不甘。那么，初入职场的新人，应该怎样与用人单位讨论薪酬呢？在谈薪酬时应注意哪些方式方法呢？下面介绍一些技巧仅供参考。

1. 不先开口

不要轻易地把你的薪水要求讲出来。如果你在还未摸清薪水的可能变动幅度之前就信口开河，这简直是在冒险，因为薪水问题通常是可以进一步洽商的。

2. 忌不当反问

假如主考官问："关于工资，你的期望值是多少？"应聘者反问："你们打算出多少？"这样的反问会显得很不礼貌，好像是在谈判，很容易引起主考官的不快和敌视。

3. 避实就虚

假如面试时对方问你目前薪资是多少，你千万要谨慎回答。如果你目前薪水太少，那么直接回答不会给你带来什么好处。此时，你最好回答：过去的工资并不重要，关键是我的工作能力。别强调过去的工资，关键是要展示你的工作能力以及你能为公司做多大贡献。

4. 控制比例

当对方终于开始和你谈具体工资数目时，你该怎么开口呢？让对方先说个数。每个雇主心里对薪水的上下限度都会有个数，他们经常会自由调整。在你提出薪水要求之前，请务必弄清对方的大致价位。假如它低于你的心理价位，你就定一个比你现在薪水至少高 10% ~20% 的价。倘若你现在的薪水太少了，那么适当再抬高一些。不要说具体的数字，这样很容易造成僵局。不妨让对方提出工资的幅度，这样双方就可以继续顺利讨论下去了。

5. 留有余地

如果你必须先开价,勿将底线定得太低,给出一个和你心里想的大致相同的范围。但要记住:对方往往会盯住你的底线,所以你不能把底线定得太低。给出的余地大一点,洽谈自然更灵活。

最后,在谈薪酬时,我们要记住这样一个理念:在自己的实力还不是很强,或者在还没有创造出价值的时候,给自己锻炼机会的价值要远远大给自己高薪酬的价值。

识破求职面试中的语言陷阱

面试过程中,主考人员经常会设置一些语言陷阱,出其不意地提出一些令求职者难以回答的问题,以考查求职者的思维能力和应变能力。所以求职者应该掌握一些应变的谋略和技巧,机智灵活地应对,才不至于一头栽进陷阱。

1. 激将式的语言陷阱

面试过程中,主考人员常用此法淘汰诸多应聘者。在提问之前,他们往往会用怀疑、尖锐、咄咄逼人的眼神注视对方,先令对方心理防线步步溃退,然后冷不防用一个明显不友好的发问激怒对方。比如,“你经历太单纯,而我们需要的是社会经验丰富的人”“我们需要名牌院校的毕业生,你并非毕业于名牌院校”“你性格过于内向,这恐怕不适合我们的职业”……面对这种咄咄逼人的发问,作为应聘者,无论如何不要被激怒,如果你被激怒了,就意味着你已经输了。那么,面对这样的发问,该如何应对呢?

如果对方说:“你经历太单纯,而我们需要的是社会经验丰富的人。”你可以微笑着回答:“经验是积累出来的,我确信如果我有缘加盟贵公司,我将很快成为社会经验丰富的人,我希望自己有这样一段经历。"

如果对方说:"我们需要名牌院校的毕业生,你并非毕业于名牌院校。"你可以幽默地说:"听说比尔·盖茨也没读完哈佛大学。"面对这种情况,我们应该沉着冷静,谈话中注意扬长避短,以求变被动为主动,最终巧妙地突破话题的限制。吴士宏参加IBM的面试时,主考官问她:"你觉得自己有什么资格来IBM工作?""您没用过我,又怎能知道我没有资格?"吴士宏反问。这一出人意料的回答不仅没有惹怒主考官,反而激起了主考官的极大兴趣,于是继续提问。最后她被告知:下周一上班!

应聘者碰到此种情况,要头脑冷静,明白对方是在"做戏",不必与他较劲。但如果结结巴巴,无言以对,抑或愤怒异常,据理力争,那就掉进了对方所设的陷阱。

2. 诱导式的语言陷阱

这类问题的特点是,面试官往往设置一个特定的背景条件,诱导对方作出错误的回答,因为也许任何一种回答都不能让对方满意。这时候,你的回答就需要用模糊语言来表示。例如,"以你现在的水平,恐怕能找到比我们企业更好的公司吧?"如果你的答案是"YES",那么说明你这个人也许脚踏两只船,"身在曹营心在汉";如果你回答"NO",又会说明你对自己缺少自信或者你的能力有问题。

对这类问题可以先用"不可一概而论"作为开头,然后回答:"或许我能找到比贵公司更好的企业,但别的企业或许在人才培养方面不如贵公司重视,机会也不如贵公司多。"

"或许我能找到更好的企业,但我想,珍惜已有的最为重要。"这样的回答,其实你是把一个"模糊"的答案抛给了面试官。

3. 非常规式的语言陷阱

面试中,如果考官提出近似于游戏或笑话式的问题,你就应该多转一转脑子,想一想考官的意图所在,是否在考察你的智商;如果是,那就得跳出常规思维,采用一种非常规思维去应答,以求收到"歪打正着"的奇效。

小德到一家大公司应聘管理人员,主考官突然提问:“请问,一加一是多少?”小德先是一愣,略微思索后,便出其不意地反问考官:“请问,您说的是哪种场合下的一加一? 如果是团队精神,那么一加一大于二;如果是单枪匹马,那么一加一小于二。所以,‘一加一是多少’要看你想要多少了。”由于小德采取了非常规应答,赢得了主考官的好感。

4. 引君入瓮式的语言陷阱

在面试时,主考官所提的一些问题并不一定要求有什么标准答案,只是要求面试者能回答得滴水不漏、自圆其说而已。应试者是很容易陷入不能“自圆其说”的尴尬境地的。面试在某种程度上就是斗智,你必须圆好自己的说辞,方能滴水不漏。比如,你要从一家公司跳槽去另一家公司。面试官问你:“你们的老板是不是很难相处啊,要不然,你为什么跳槽?”也许他的猜测正是你要跳槽的原因,即使这样,你切记不要被这种同情的语气所迷惑,更不要顺着杆子往上爬。如果你愤怒地抨击你的老板或者义愤填膺地控诉你所在的公司,那么你必败无疑,因为这样不但说明你缺乏度量,还暴露了你的狭隘。

多长个心眼儿,避开职场圈套

如今,求职市场中还有很多不完善的地方,有些别有用心者正是利用了毕业生初涉职场、缺乏各种经验又急于找到一份工作的心理,钻了很多空子。其实,只要多长一个心眼儿,很多的圈套是可以避免的。

1. 高薪是诱惑更是圈套

每个人都向往高薪,渴望刚毕业就能找到一份高薪体面的工作。有这样的心理无可厚非,但是一定要擦亮双眼,看清这个所谓的高薪背后是真的如其所说还是另有阴谋。

刚毕业的小范在某一天接到一家保险公司打来的电话，被告知已经被该公司录取为储备经理，基本工资之外还有各种提成。小范兴冲冲地来到该公司，可去了才知，所谓的“储备经理”被换成了“理财专员”。经过一番了解，他才知道，原来该公司把自己招来就是做保险业务员。小范所学的专业是“网络编辑”，与保险业没有任何关系，而不善言谈的小范竟然被业务经理夸成了他“见过的最适合做保险的毕业生，不做保险将浪费自身资源”。真是令人哭笑不得。

2. 拒绝为各种变相押金埋单

在应聘过程中，类似这样的情况并不罕见：当你正在为顺利通过应聘窃喜时，却被通知“请先缴纳服装费、档案管理费、培训费……”工作尚未定论，应聘者手中的钱已经被迫交了很多。但是，很多时候这些钱都打了水漂，逼得你自己退出，最后对方不但不会发给你相应的薪水，你之前所缴纳的费用也一概不会退还。

对此，专家提醒我们，求职者应聘时要掌握好一个原则，即不要在应聘的过程中向招聘单位缴付任何形式的费用或抵押证件。求职者在遇到此类情况时，可以大胆地提出拒绝。如果求职者已缴纳了此笔费用，有权在进入用人单位后随时要求予以返还。也可以通过申请劳动争议仲裁，或向劳动监察部门投诉、举报，依法维护自己的权益。

3. “知识产权”不可小视

有些单位在筛选简历的时候，看到条件相符的应聘者，首先会发邮件或者打电话通知你在某个时间去参加该单位进行的笔试。但是，有不少人在笔试、面试结束之后却收不到任何反馈消息，而自己在笔试中曾经提出的某个策划方案或者创意却在该公司的产品、活动中出现，直到这时，你才醒悟过来，原来招聘只是他们的幌子，他们并没有空缺的职位等人上岗，他们只是想用这个方式收集一些创意罢了。然而事已至此，你又拿不出确凿的证据证明自己的劳动成果被窃取，除了气愤叹气，你又能奈他何？

在“智力产品”高价的当下，知识产权的维护越来越被人重视。应聘者出于对自身知识产权的维护，在提交策划案时最好附上“版权声明”，并要求招聘单位签收。声明可以是：“任何收存和保管本策划案各种版本的单位和个人，未经作者同意，不得使用本策划案或者将本策划案转借他人，亦不得随意复制、抄录、拍照或以任何方式传播。否则，引起有碍作者著作权之问题，将可能承担法律责任。”

4. 试用期间也不能忘了保护自己

求职者被录用后，一般都要经过一段时间的试用。基本上每个公司都有试用期，这很正常。然而如今，试用期时遭遇不公已是职场上的常见现象，面对莫名其妙的“变相辞退”，不少人只能有苦说不出。

求职者在选择所要加入的公司之前就应该做好功课。了解招聘公司历年招收员工的情况，以便得知该公司的用人方式。如果该公司以前就存在试用期后很少留用员工的情况，或是该公司频繁地招人、换人，那么求职者就要警惕了，要尽量避免陷入其中。

在试用期间，劳动者提高自身的保护意识是最为关键的，首先要了解与试用期有关的法律规定。我国劳动法的相关条款中明确规定，试用期应包括在劳动合同期限之内，最长不得超过 6 个月。员工在试用期内享有报酬权，公司有为员工缴纳社会保险的义务。如若劳动者在试用期间被证明不符合录用条件，用人单位可以解除劳动合同，且应在试用期最后一天劳动者下班以前通知劳动者，过了这个时间，应认为劳动者已经试用合格，转为了正式员工。

诸如此类的法律法规，劳动者了解得越详细，其权益就越有保障，才不至于陷入公司设置的陷阱中。

总之，面试求职中的圈套数不胜数，每一个求职者都要加强自我保护意识和辨别真假的能力，以免因一时求职心切而上当受骗，落入形形色色的圈套。

第 11 章

别老牛拉车只顾低头，职场人士要会做事

一个人要想有所成就，就要积极主动地展示自己的才干。只有敢于表达自己，吸引领导的注意，才有可能得到机会。但在表达意见、建议时，别过于直白，要讲究一些策略。既维护好领导的自尊，又使自己的想法能够实现，这才是最明智的做法。会来事的人并不只是消极地给领导留面子，还会在一些关键时候，给领导争面子，从而赢得领导的赏识。

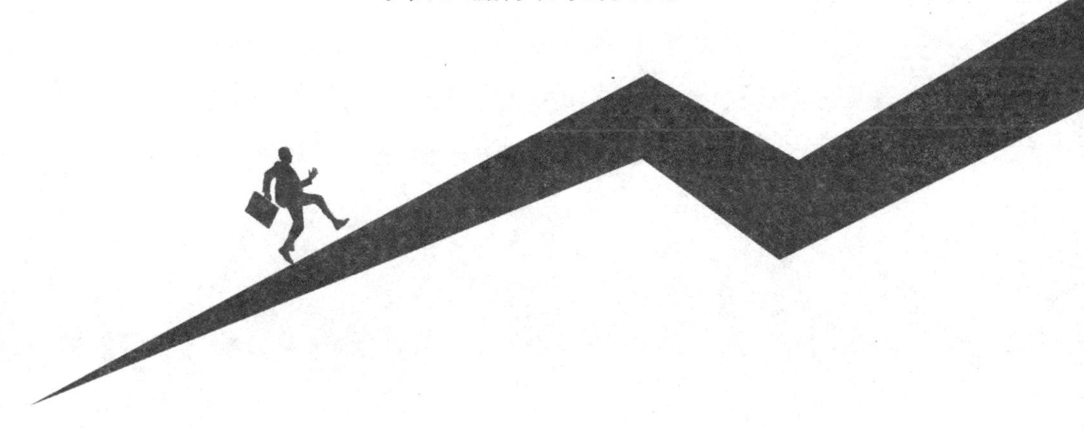

怀才不遇也许是因为你不会自我“曝光”

一个人要想有所成就，就要恰当地运用“焦点效应”，不要奢望别人主动来关注自己，而是要积极主动地把自己的才干展示给他们看。

现实中有不少才华出众的人被领导冷落，以致“怀才不遇”。这其中的原因，可能与不善于表现自己有关。在快节奏、高效率的时代，需要的是干脆利落、敢断敢行的作风。人们忍受不了那种羞羞答答的“谦逊”，不愿听那种婆婆妈妈的“自谦之辞”。所以，你应当实事求是地宣传自己：我有什么长处，有哪些才能，想做什么，能做什么，使别人尽快了解你。这样，反而容易得到机会。

改变怀才不遇的最佳途径是学会运用“焦点效应”，让领导注意到你的业绩、认可你的努力。在合适的时机、场合向领导展示自己的能力与成绩，这有助于得到领导的赏识。这就是说我们对待机会要采取主动的态度，甚至要用自身的行动增加机会出现的可能性。

在人才辈出、竞争日趋激烈的今天，只有敢于表达自己，吸引他人的注意，才有可能得到机会。绝大多数人都有自己的理想，但人生的第一步必须学会醒目地亮出自己，为自己创造机遇。

建筑工人杰克穿着破旧的衣衫，跑到工地向老板请教：“我该怎么做，长大后会跟你一样成功？”

老板看了杰克一眼，回答说：“小伙子，去买件红衬衫，然后埋头苦干。”

杰克满脸困惑，百思不解其中的道理，只好再请他说明。老板指着那批正在脚手架上工作的工人，对杰克说：“看到那些人了吗？我无法记得他们每一个人的名字，甚至有些人，根本连面孔都没印象。但是，你仔细瞧，他们之中只有那个穿红色上衣的小伙子让我注意。我很快就发现,他似乎比别人更卖力,做得更起劲。他每天总是比其他的人早一点上工,工作时也比较拼命,而收工的时候,他总是最后一个。就因为他那件红衬衫,使他在这群工人中间特别突出。我现在就要过去找他,派他当我的监工。从今天开始,我相信他会更卖命,说不定很快就会成为我的副手。

“小伙子,我也是这样爬上来的。我非常卖力地工作,表现得比所有人都好。当时我天天穿红色衬衫,同时加倍努力。不久,老板就注意到了我,升我当了工头。后来我存够了钱,终于自己当了老板。”

在大的公司里,每个人的舞台都会缩得很小,领导能叫得上名字的普通职员不会很多,你表现得再卖力,恐怕也难以给人留下印象。这就需要我们学会适当地表现自己,在关键时刻恰当地张扬也就是“秀”一下,不失为一个引起别人注意的好方法。

在职场中,怎么做才能吸引领导的注意呢?那就是要争取在一切重要的场合“曝光”。

你应该设法增加或者保持公开露面的机会。比如,在例会中多发言,以及主动要求承担同事不愿干的困难任务等,这些都能保证自己的曝光率。要想得到领导的赏识,就需要平时多与领导接触,渠道有许多,需要自己去积极创造。

公开发言时,在宣传公司的同时别忘记巧妙地介绍自己的工作,应该让别人明白,哪些成绩出自你的努力。当然也别忘记强调合作伙伴的帮助和投入,这样你不仅能给领导留下积极的好印象,连同事也会感谢你的提携。

当然,“曝光”也要注意分寸,不要过于扎眼,免得招受众人的谴责;而且次数也不宜过于频繁。你应当为自己留一些绝招,留待重要的场合再“曝光”。这样领导就会对你偶尔展露的那些新鲜的才华抱以希望,并愿意将大事托付于你。

哪些是话中语，哪些是弦外音

中国人的性格特点是含蓄，真实的意思一般不明确表达，也就是人们常说的“话里有话”“弦外之音”。这种现象在职场中很普遍，特别是在和领导沟通的过程中，你更要领会对方的“弦外之音”，这样才对自己有好处，才容易捕捉到发展的机遇。

比如，领导问你：“小陈，本周末有时间吗？你会打高尔夫吗？”很多人容易实话实说，“我没时间”或“我不会打”，以至失去了让领导赏识你的机会。这样回答的人明显不懂“弦外之音”。其实，领导这句话的意思非常简单，就是希望你本周末陪他打高尔夫。

领导对部属的期待，不会每次都以率直的语言表达出来，有时嘴上说“这样做”，心中却要求“那样做”。也就是说，领导有时因为碍于情面，会用委婉暗示或其他曲折隐晦的方式把自己的要求说出来，因而，他所形之于语言的和他内心所期待的并不完全合拍，表里一致。这就要求下属在平时深入观察，仔细揣摩，熟谙领导的习性，这样才能正确地理解领导的意图。

小郭是某公司市场开发部主任助理，平时积极进取，很有能力，他对领导的意图也总能准确领会。有一次，主任召集人员开会，分析当时的市场形势说：“大家都知道，我们公司成立至今，面对全国市场的激烈竞争，业绩却直线上升，这是与我们市场开发部的出色工作分不开的，现在，我们公司的市场占有率已领先其他同类公司很多，只有西部还有两个省份我们没有进去，如果我们占有了西部市场……”

此时，小郭早已明了主任话中的意思，接着说道：“主任的意思，是想要我们市场开发部进军西部最后两省？”

“对!”开发部主任赞许地看了小郭一眼,“你说得很对,看来你平日对此有过思考。作为我们市场开发部的得力人员,最重要的就是要胸有全局,规划宏远,这样才能永远立于不败之地。经公司研究决定,我们公司将于年内开拓西部两省市场,具体工作由小郭全权负责,希望各位都能够给予大力支持。”

于是,在开发部主任的大力举荐和公司领导的支持下,小郭担当起了开拓市场的新任务。

了解领导意图对贯彻、执行决策,完成工作任务有十分重要的意义和帮助。下属如果能准确地领会领导意图,就有可能受到领导赏识。要从领导的言语中听出背后隐含的信息,把握住他的真实意图。

准确领会意图需要长期练习。完全领会领导的“弦外之音”的前提是要熟悉领导、研究领导,应注意一定的方法,讲究必要的技巧。这类途径和办法很多,常用的有以下几种:

1. 从主动询问中获得

主动询问,是了解领导意图最直接的办法。下属一定要敢于和善于获取领导的思想。在季节变换、任务转换、重大政策出台、重大任务来临、重点工作转移等时机,都要主动地请示、询问领导,看一看领导有一些什么考虑和打算,早着手、早介入、早知情,为领会好领导意图赢得主动权。

2. 从领导批示中领会

领导阅读文件、报刊和材料后的批注,蕴藏着许多有感而发的新思想,体现了领导对某一问题、某项工作、某个事物的看法,悉心研究领导批注中的思想观点,就能从中把握领导对一些问题的基本看法。所以,下属对领导在呈批件上签署的意见、在材料上修改的内容,以及对一些具体问题作的指示,都要认真学习、反复研究。

3. 从平时言谈中捕捉

领导的设想、主张,有的是通过文字形式表达出来的,有的则是通过言谈阐述出来的。下属一定要做有心人、细心人,留心观察领导的言行。作为

下属，无论是与领导一起检查工作、参加会议，还是和领导一块就餐、散步、闲聊，对领导的言谈都要用心记住，即使是平时的一些零碎的看法、意见，也要“善闻其言”，注意收集。长期坚持，积少成多，积零为整，联系起来分析，连贯起来思考，准确把握领导意图就是水到渠成的事了。

听懂领导的“弦外之音”是一种职场功力。职场人应研究你的领导，了解他们的语言习惯和表达方式，只有这样你才能准确地掌握领导的心思，才能加快升迁的步伐。

第 12 章

别想着单打独斗逞英雄，擅长运用“借”的智慧

在复杂多变的环境中，要运用好“借”的智慧。借助名人的名声、借用别人的脑力、巧借别人的钱赚钱等，都是睿智的借力之举，是赢得机遇与财富的绝妙高招。成功者大都巧于“借力”，精于“借智”。“借”的关键在于怎样“借”得巧妙。只要你能因时、因地、因情制宜，那么就能巧妙地借助外力，让自己由弱变强，步步高升。

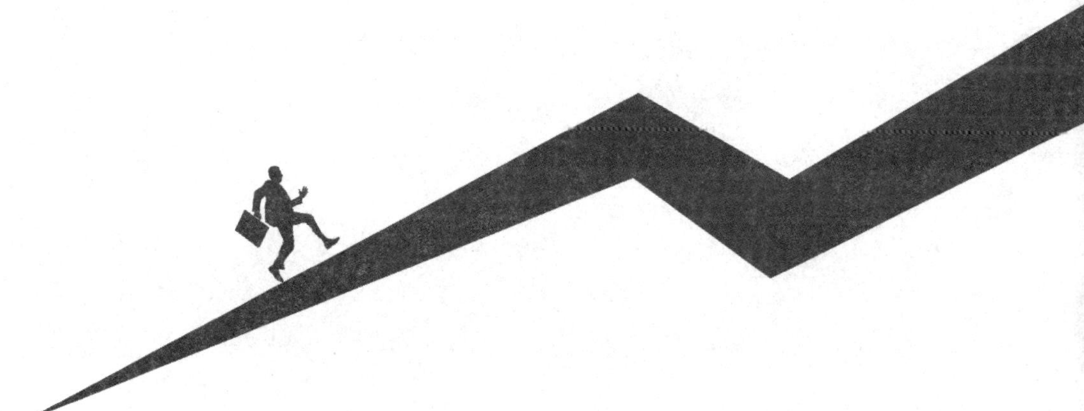

巧于“借力”，是成功的一大诀窍

荀子曾说过：“假舟楫者，非能水也，而绝江河，是故君子性非异也，善假于物也。”如今社会上的一些成功人士对“善假于物”的借力之道理解得最为透彻，运用得极为巧妙。他们的成功，很大程度上得益于“借”。

弱者善用权术、善借人力就可以变成强者，这就是计谋权术的运用。借他人之手除掉对手，不需消耗自己的实力，更不会担负任何罪名，这种间接达到目的的计谋，就叫“借刀杀人”。“借刀杀人”之计属阴谋而非阳谋。平常之时，不可不防；非常之时，不可不用。三国时期的诸葛亮，可谓把“借”字文章做得老练精妙。

正当诸葛亮忙于出师南征之际，雍凯、高定兵分两路偷袭蜀营，被蜀军杀得大败，许多雍、高将士被蜀军生擒活捉，诸葛亮在这些战俘身上开始打主意。

他把雍、高被俘的将士分别囚禁，然后暗地叫本部军将撒谎说：“高定的人免死，雍凯的人尽杀。”于是，雍凯方面的战俘都谎称自己是高定的部下，诸葛亮也就佯装糊涂，将其全部放归。这些人跑回雍凯部队后，都说高定暗中背叛了雍凯，投靠了诸葛亮。

紧接着，诸葛亮又把捕获的高定派遣的密探，故意错认为是雍凯的部下，并让他给雍凯带回一封书信，信中密令雍凯“早早下手，休得误事”。

“密探”回去把信交给高定后，高定信以为真，拍案而起，大骂雍凯是忘义之徒，决心先下手为强，率领精兵连夜偷袭雍凯营寨，割了雍凯的脑袋，向诸葛亮献上其首级，讨好诸葛亮。当高定提着雍凯的头去见诸葛亮时，诸葛亮明知道他是真心诚意来投诚，却谎称高定是诈降而来，喝令左右推出斩首。这时,急得高定在诸葛亮面前立下军令状:“誓擒朱褒来见丞相。”诸葛亮佯装给他立功赎罪以表真心投诚的机会,准予前去。果然,高定乘朱褒不备,偷袭了朱褒的营寨,杀了朱褒,带领全部叛军投降了蜀营。

到此,诸葛亮用一连串的挑拨离间,挑起了敌军内部的矛盾,诱骗敌人自相残杀,从而实现了“坐享其利”的目的。

“借刀杀人”的计谋主要体现在善于利用第三者的力量,或者善于利用或者制造敌人内部的矛盾,达到取胜的目的。此计谓借人之力攻击我方之敌,我方即可稳操胜券,大大得利。

“借刀”为聪明人的谋胜之术。“借刀”的情况大致可以分为借人力、借财物、借条件、借谋略、借媒介、借势力几种。如果一个人能细心观察身边的事物,并能够把握彼此之间进退的尺度,在必要的时候借力发挥,利用一下各方面的力量,自然会更利于事情的进展。

借力的关键在于怎样“借”得巧妙。借力既有明借和暗借之分,又有诱借和强借之别。无论哪种借法,都要讲究“借”的方法和艺术,不能露出任何蛛丝马迹。所谓“智用于众人之所不能知,而能用于众人之所不能见”。智慧是用在众人所不知道的地方,谋略用在众人所看不见的地方。

在瞬息万变的环境中,如果能隐秘地运用好“借”的谋略,那么,你就能巧妙地借助外力,让自己迅速发展壮大。

借势发挥,使自己更强大

有句话说时势造英雄,指的是借时势之力成就大事的道理。“时势”中的“时”,就是时机成熟与否的问题。时机成熟了去做某件事就容易成功;如果时机不成熟,就容易徒劳无功。所谓“势”,就是“力”之顺逆与难易之比

较。势顺而用力易，势逆而用力难。

万事万物都按照自己的规律和法则生存、发展、变化，既相互依存，又相互排斥，存在着对立统一的关系。所以“顺势而为”才是最佳选择。认清形势，利用形势所产生的巨大力量去做事，就会省力省心，名利双收。而“借势发挥”则是借别人的势力而强大自己的一种策略。势力强大的时候乘势出击固然值得肯定；势力单薄的时候，善于借势反击更令人赞叹。

曹操依附袁绍时就是一种“借势发挥”。袁绍看到曹操和黄巾军厮杀而内心高兴，他觉得必须对曹操加以利用，通过曹操使自己的势力伸展到黄河以南，使冀、青、兖三州连成一片。所以他热心地加封曹操为东郡太守。曹操当然明白袁绍的如意算盘，但他的势力比袁绍弱得多，也必须利用袁绍，至少不能违逆袁绍，否则，袁绍打董卓不行，但对付他刚开张的那点人马却是不费气力的。因此，曹操很乖巧地接受了袁绍给他的职务，做起了东郡太守，并将治所从濮阳迁到了东武阳，又乘机举荐鲍信为济北相，以为自己的羽翼。从这一举动看，曹操已有了明确经营兖州、青州的意向。

公元 192 年夏天，兖州刺史刘岱阵亡。刘岱死后，州中无主，东郡人陈宫即对曹操说：“今兖州没了首长，无法执行王命，请让我去州里说说话，让您来接任兖州刺史。如您得了兖州，也就有了争天下的资本。”

就这样，曹操不费一兵一卒地得了兖州。从此，他的势力逐渐强大起来。

无论何时，顺势而为都极为重要。顺势，如同顺水行舟，以最小成本取得最大回报。反之，就像逆水划船，纵然百般努力却可能一无所获。很多人和很多企业为什么总是无法壮大，就是他们根本就没去想过“势”的含义，没想过“势”的重要性，更没想过要“借势”来为自己服务。因此，单靠自己，结果只能是苦劳不少，功劳不多。“势”就是这样，只要你认知它，并且利用、驾驭它，你就可以事半功倍，顺利达成自己的目标。

历史上有显著成就的人，都是“借势”的高手，从他们的成功经验里，可以看到他们借势而上的智慧灵光。

2005年,百度成功登陆美国纳斯达克,以27美元发行,一天之内涨幅竟然达到354%,市值由8.72亿美元飙升至近40亿美元,创始人李彦宏的身价也达到了9亿美元。百度由此一举成为了家喻户晓的明星企业。这其中的原因是什么呢?

其实,以百度当时的名气,即使上市了,也不能排除融不到更多的资金,成为市面上的垃圾股的可能。要想在市面上一举成名,就需要让美国的投资者认识百度。而要达到这个目的,最好的办法就是,让他们知道百度和美国某个他们非常认可而且业绩很好的公司是一样的。

对于百度来说,这个公司就是搜索业界的老大——Google。Google上市后,业绩一路攀升,是美国投资者追捧的对象,其在资本市场和搜索领域的影响力无可匹敌。另外,Google在国内和百度是竞争对手,在中国搜索领域分别排名第二和第一,两家公司性质的类似可想而知。

因此,在上市前,李彦宏聪明地把百度的标签贴在了Google后面。而在Google上市时,错失投资良机的投资者,这次显然不会再错过机会,他们把对Google未能尽释的热情转移到了对百度的热情追逐上。因此,借Google之势,百度一举成名。

可见,对形势有准确把握,才能料事于先。只有认清形势,并抓住相应的机会造势,才能使自己快速向前,有所发展。

时与势处处存在,关键在于人的判断能力,所以,我们应学会审时度势,看准某一事物在将来会向何处发展,抓住现在的时机采取行动,根据不同的时势作出巧妙的安排,争取做出成功之局。比如,一个大公司推出新业务后,必然存在许多新的尚未注意到或无暇顾及的盈利点。善于借势的人,就会先由大公司开拓市场,而自己却轻松地跟着他们来赚钱。所以,密切注意大公司的行动以及所引起的市场新变化,是“借势战略”的一个重要内容。

如果你能领会顺势而为、借势而上的道理,就会以一种积极的心态,捕捉时机,适时行动,使自己更快地走向成功。

适时巧借用名人之力

在现代社会，巧借名人的手段已被政治、经济、文化等各领域广泛运用，而且大有日趋扩展之势。对于我们来说，若能巧借名人之力，同样能达到自己的目的。

人类社会普遍存在着一种模仿名人的风气，名人用什么，我也用什么；名人穿什么，我也穿什么。名人用过的东西，不但能引起人们的重视、青睐，也有可能带动消费者购买的热潮。这是因为，在普通人的思维中，有这样一种心理定势：名人推崇、赞赏的东西，质量、性能一定没问题，无须怀疑，也无须考验它。许多企业在策划广告或选形象代言人时，不惜重金聘请名人，实际上也是希望产生名人效应。

世界上有不少产品都是这样，不知默默无闻存在了多少年，偶然一次经名人推崇、使用，便身价倍增，名扬四海。为什么同一产品被名人用过后其身价大不一样呢？这是名人效应的魔力所致。

由我国研制的 920 营养发水，对脱发有特殊疗效，原联邦德国总理施密特在任时爱用此药。一次，施密特在去英国同里根总统会谈时，随行记者发现他的手提包内放有四瓶 920 营养发水。这位记者报道了这个发现。于是，中国厂家抓住这个机会，借题发挥，以此事为例在国内外大做广告宣传，立即在国际上掀起了一股中国 920 营养发水热，并被誉为“中国神水”。此后，920 营养发水的年出口量连年大幅度上升。

借名人的影响力，让你的产品在投放市场时产生名人效应，不失为一种有效而快捷的提高产品知名度的方法。要记住，任何一条信息都有可能转化成财富，与名人相关的信息，是最可转化成财富的资源。广告策划者与企业经营者如平时留意名人的信息,并有选择地加以利用,就等于不花钱为自己的产品促销,效果非同一般。

有位阿拉伯人名叫艾布拉,本来穷困潦倒,身无分文,就是使用了这种方法,不但结交了许多名人朋友,还为自己求来了百万家财。

其实,他致富的方法说来简单有趣:他在签名簿里贴上许多世界名人的照片,再模仿名人的亲笔字,签写在照片底下。艾布拉便带着这几本签名簿浪迹世界,登门造访工商巨子和有名的富翁。

“我是因仰慕您而千里迢迢从阿拉伯前来拜访您的,请您贴一张照片在这本《世界名人录》上,再请您签上大名,我们会加上简介,等它出版后,我会立即寄赠一册……”

由于这些人很有钱,又喜欢摆阔,一想到能跟世界名人排名在一起,便感到无限风光,这样一来,他们就毫不吝惜地付给艾布拉一笔数目可观的金钱。艾布拉因此而很快暴富。

人普遍有这样的心理,与名人有联系的事物必定是不一般的。基于这种心理,人们纷纷追逐、效仿名人,所以,与名人沾边的东西也就容易成为抢手货而流行或者成为时尚。因此,凡事只要与名人有关联,就会具有很强的说服力,是最能打动人心的广告词。

你也可以巧借名言,如请社会名流为你题个词,请专家教授为你写的书作个序,请明星为你签个名,等等。因为这些权威人物都有一定的威信,他们的判断能力、鉴别能力是被社会公认的。如布娃娃在美国原售价每个20美元,而“椰菜娃娃”原设计者亲手签名的布娃娃售价曾高达300美元,这种“椰菜娃娃”在美国曾一度供不应求。名人的题词可以向别人证明你的实力,此时再说服对方就不再困难了。而且对方看你有“后台”也会愿意与你合作。

总之,如果能跟一位名人攀上关系,就可以有效提升自己的资源力度。不要觉得名人离自己很遥远,只要用心,其实你可以随时借用他们的力量。

借他人的智慧成就自己的事业

俗话说：“一个篱笆三个桩，一个好汉三个帮。”不懂得或不善于利用他人力量，光靠单枪匹马闯天下，在现代社会里是很难大有作为的。

每个人都有自己能力所不能达到的范围，单打独斗的人永远成不了大气候。能够发现别人的才能，并能为我所用，就等于找到了成功的力量。一个人只要能设法得到其他人的帮助，就可以做成更多的事情。

汉高祖刘邦平定天下以后，大宴群臣，对在场的文武百官说：“运筹帷幄，决胜于千里之外，我不如张良；镇国家、安百姓，萧何都有万全的计策，我也不及萧何；统率百万大军，百战百胜，是韩信的专长，我不如也。这三位都是当世英杰，皆能为我所用，这才是我能得天下的原因。至于项羽，连唯一的贤臣范增都不能用，焉能不败？”

刘邦是很有自知之明的。他知道自己不是全才，也知道自己在很多方面不如自己的下级。他之所以能打败不可一世的楚霸王项羽，一统天下，是因为重用了一些在某些方面比自己能力更强的人，而且个个都尽其所能，用其所长，所以才能在并不占优势的情况下战胜项羽，开创基业。

明智者能最大限度地做到“人尽其才，物尽其用”。借助别人的工作能力为自己做事，以别人的经验为指引，把一些自己没做过的事情让给那些驾轻就熟的人去做，使自己从繁杂的事务中解脱出来，去筹划更大的事情。

若想工作有所收获，事业有所突破，就必须借助行业中最优秀者的力量，站在这些巨人的肩膀上寻找超越的机会。通过利用他人的长处，可以缩短自己的奋斗历程，使自己在追求成功的路上少走弯路，从而赢得宝贵的时间。

亨利·福特是农家子弟,他从小便想制造出便捷有效的机械来代替人力、畜力。

有一次,亨利·福特乘马车去底特律。途中,他生平第一次见到一辆不用马拖、自己能行走的蒸汽推动的车子。趁着这辆蒸汽车停下来时,福特向驾驶员问了一大堆有关性能、操作方法的问题。

带着这样强烈的创业愿望,1891 年,亨利·福特进入了爱迪生电灯公司工作,仍致力于设计自己的“自动马车”。1896 年,他的愿望实现了。1899 年,亨利·福特成功地制造了 3 辆汽车,被公认为这一领域的先驱。

1908 年,亨利·福特决定聘请管理专家沃尔·弗兰德斯进厂,并允诺,如果弗兰德斯能在 12 个月内生产出 1 万辆车,就给他 2 万美元奖金。最后,1 万辆车的年度生产目标提前实现了,此时弗兰德斯虽然另创了自己的公司,但亨利·福特却从他那里学到了大规模生产所需的技术管理知识。

1913 年 8 月,亨利·福特决定,把技术员艾夫利和威廉·克朗在发动机主轴上使用的“运动中的组装法”推广到总装配线上,此举获得成功,从此大批量流水线生产方式诞生了。一时间,亨利·福特成为了美国人心目中的“英雄”。

可见,一个好的创意的产生与实施,创业者光靠自身的力量和努力是不够的,必须集思广益,必须在自己周围聚拢起一批专家,让他们各显其能、各尽其才,充分发挥他们的创造性。万事都要巧借力,没有一个人能够独自成功。让更多的人助你成功,这是一种高效的智慧。

不管你做什么事情,要想快捷成功,需要借鉴前人的成功经验并设法说服别人帮助自己。

成功者大都善于借用别人之“力”,巧借别人之“智”。他们懂得:虽然做任何事情都不可能一步登天,必须一步一个脚印,但是,取得成功的办法多种多样,只要办法得当,便可快捷省力。

巧于“借力”,精于“借智”,是成功的一条捷径。巧妙地借助外力,能迅速壮大自己的力量,让自己找到更广阔的生存空间,抓住更宝贵的发展机

遇，从而由弱变强，获得成功。

灵活运用“借鸡生蛋”这一招

在许多人的传统观念中，做生意需要本钱，没有本钱就无法做生意。持有这种观念的人，可能一辈子不论怎样辛苦劳作，也摆脱不了贫困的生活。现代的商海弄潮儿，在创业之初，有多少人怀里拥有很多本钱？但是，没有本钱不要紧，就看你有没有本事和足够的胆识去“借”。

善借别人的钱赚钱，是睿智的借力之举，是发财的绝妙高招。许多有能力的人在经营中很善于克服不利因素，运用高超的思维想出解决问题的新思路，尤其在解决资金问题方面妙招频出。那么怎样才能让自己在最短的时间里获得更多的财富呢？最好的办法就是用别人的钱做自己的生意，也就是——“借鸡下蛋”。

香港船王包玉刚开始发展自己的事业时，势单力薄，仅经营一条旧的烧煤货轮。这时，他看到航海运输能赚大钱，就想买条大船，可苦于自己没有钱。如果从银行贷款，得有信用保证状。包玉刚思索了几天，终于想出了一个好办法：先把船租出去，让租户开出信用状，用租户的租金做保障，这样，就能从银行里贷出钱来。

第二天，包玉刚会晤了香港头号大银行汇丰银行信贷部经理桑达士：“密斯特桑，我想向日本船厂订购一条新船。船价 100 万美元，船成后要付清船款。不过，有一家日本运输公司肯签第一年的租约，租金是 75 万英镑，我想向贵行贷款，相当于租金数目。”

桑达士思考了片刻：“我佩服你的雄才大略，只是银行的规矩，你拿什么担保？”

“信用状！承租船的那家日本运输公司，会在他的银行开出信用状的。”

“原来你还没拿到信用状？”

“如果拿到了信用状贷不贷？”

“贷！只要你有信用状，我马上贷给你！”

桑达士并没有把包玉刚看在眼里，他没想到，包玉刚独特的经营方式在于，他经营航运，必先找好长期的租户，然后才购置新船。这不仅能获取银行信任，银行的支持也可实现他对租户的承诺。几天之后，包玉刚果真拿到了一张75万英镑的信用状。桑达士惊讶了，信服了。他确信包玉刚是个干大事业的人，于是贷款如数开出。

就这样，包玉刚以贷款买船的方式，只一年的光景，就成为拥有7艘货船的船东。1962年，他又与桑达士合作，成立了“巴哈马世界海运有限股份公司”，其中汇丰银行股份占三分之一。从此，汇丰银行成了包玉刚的强大后盾。

“借鸡生蛋”，真如变戏法一般。灵活运用“借鸡生蛋”这一招，不管在财富积累方面，还是在个人经验积累等方面，都会让你受益匪浅。运用好此招的前提是必须熟知对方心理，所谓知己知彼，百战不殆，要迎合其心理而动，从而煽动其欲望，达到自己的目的。

不过，生意场上的戏法如何去“变”以及“变”得好坏与否，又的确显示了经营者的眼光、胆略和技巧。作为电脑天才的盖茨也曾别出心裁，巧用“借鸡生蛋”这一招来赚取财富。盖茨最初与IBM合作的故事就十分有代表性。

当时盖茨和他的微软公司默默无闻，他们最初开发的软件都是小型厂商的，当IBM突然找上门来时，盖茨一口答应，马上可以开发出IBM想要的操作系统。当然，他的思路确实是不同于常人的。在与IBM签订协议后，盖茨没有挑灯夜战，自己去编写程序来开发这样的系统——在规定的时限内那是不可能完成的任务。相反地，他开始寻找一家已经完成了开发电脑操作系统这项复杂工作的公司，并最终以5万美元的价格买下了这套操作系统。

这套系统经过盖茨六周的改装后成了著名的 MS - DOS 操作系统。在 MS - DOS 操作系统的基础上，微软后来又开发出了 Windows 操作系统，而今天，微软的操作系统已经占据了全世界 90% 的个人电脑市场。

不难看出，盖茨之所以能创造出原本并不属于他的机会，实际上是利用了市场中信息的不对称和不均衡，通过扮演中间人的角色，联结起双方的市场，从而实现自己的“无中生有”。但是盖茨远比一般人高明之处，就在于他没有仅仅赚个差价，而是把“生蛋的母鸡”也抱回了自己的家。

商场如战场。在没有硝烟的战场上要想游刃有余，不仅需要非凡的气魄，最关键的是要有超人的智商和随机应变的本领。所以，想致富的人别总是把眼光盯在本钱上，本钱固然重要，但是即使你没有本钱，如果善用“借”的手段，也有可能财源不断。

第13章

别端着高学历的架子，有潜质不如能做事

进取精神是永不停息的工作动力，它是在职场中立足的基本条件，也是核心竞争力的重要体现。我们正是在进取中不断地超越自我，创造卓越。“生命不息，奋斗不止”不应只是优秀者的工作原则，也应该为众多普通人所共识。任何人都不能只满足于现状，而应追求更高的标准，不断提升自己。这样，将来的成就才能永无止境。

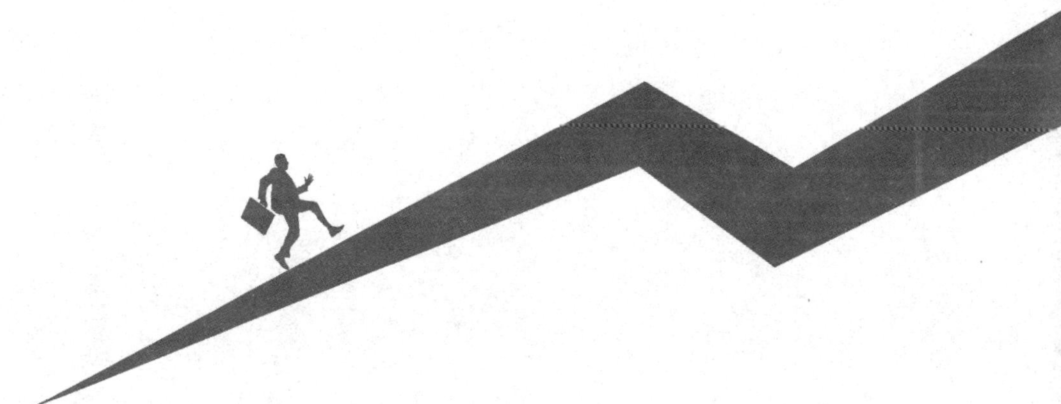

用心工作，把小事当成大事做

在很多岗位上，都有眼高手低、好高骛远的人，他们脱离实际，小事不愿做，大事又做不来。有的人会说，我干的就是最琐碎的事情，有什么意义可言？其实工作中大多数人每天都在做着简单琐碎的事，接听电话、整理报表、绘制图纸……你可能会因此感到厌倦，进而敷衍应付、心存懈怠，这都是极不明智的做法。其实，正是这种眼高手低、好高骛远、小事不愿做、大事做不来的想法，让一些人逐渐沦为平庸之辈。对待同样简单的事情，用心和不用心，其结果大相径庭。

最近，一些用人单位在招录新人时表达了这样一个共同的观点，我们更需要那些肯于从小事做起的优秀人才。康佳公司曾明确表示，他们喜欢志存高远，脚踏实地的人。既要有远大志向，对自己对企业有较高的要求，也要沉得下去，一步一步地提升自己，锻炼自己，逐步向成功靠近。

世界上的许多大公司，都把对简单工作的认真态度作为考察人的一个重要依据。李嘉诚曾说过这样的话："假如一个年轻人不脚踏实地，我们使用他就会非常小心。你造一座大厦，如果地基不好，上面再牢固，也是要倒塌的。"那些眼高手低，不能踏踏实实工作的人，很难得到管理者的重用。

一个人能否成就卓越，取决于他是否愿意做小事。许多人志向高远，一心想做大事，立大功，赚大钱。可是，如果不愿意从基础工作做起，没有做小事的成功经历，就很难获得做大事的机会。即使有这样的机会，也未必知道从何处着手。因为做大事的技巧和方法，往往是在做小事的时候培养和建立的。有做小事的精神，才能产生做大事的气魄。平凡的小事看似没有什么值得重视的价值，但优秀者会像做重要的事一样，尽心尽力地去做好。从低处开始,不仅仅是规则,更重要的是精神。

美国福特汽车公司某制造厂有一个杂工,叫汤姆·布兰德,就是在做好每一件小事中获得了极大成长,最后他成为了福特公司最年轻的副总裁。那么,布兰德是怎么做的呢?

布兰德在20岁那年进入工厂后,起初对工作漫不经心。后来,他领悟到:既然自己想在汽车制造这一行做点事业,就必须对汽车的全部制造过程有个深刻的了解。他知道一部汽车由零件到装配出厂,大约要经过13个部门的合作,而每一个部门的工作性质各不相同。

于是,他主动要求从最基层的杂工做起。布兰德通过这项工作,和工厂的各部门都有接触,对各种工作性质也有了初步的了解。

在当了一年半的杂工之后,布兰德申请调到汽车椅垫部工作。不久,他就把制作椅垫的手艺学会了。后来又申请调到点焊部、车身部、喷漆部、车床部去工作。不到5年的时间,他几乎把工厂的各种工作都做过了。最后他决定申请到装配线上去工作。

布兰德的父亲对儿子的举动十分不解,他说:“儿子,你工作已经5年了,总是做些焊接、刷漆、制造零件的小事,太不值了吧?”

“老爸,这你就不懂了。”布兰德笑着说,“我并不急于当某一部门的小工头。我以整个工厂为工作的目标,所以必须花点时间了解整个工作流程。我是把现有的时间作最有价值的利用,我要学的,不仅仅是一个汽车椅垫如何做,而是整辆汽车是如何制造的。”

当布兰德确认自己已经具备了管理者的素质时,他决定在装配线上一试身手。布兰德在其他部门干过,懂得各种零件的制造情形,也能分辨零件的优劣,这为他的装配工作带来了不少便利,没有多久,他就成了装配线上的灵魂人物。很快,他被升为领班,并逐步成为15位领班的总领班。他的任劳任怨、不计得失的精神被大家普遍认可。最终布兰德成为了这家制造厂的副总裁。

布兰德能升迁到高位,并不仅仅因为他能力强,而更多的是因为他能把

小事也做得很出色。个人在公司的价值就体现在点点滴滴中。把小事当成大事去做，不仅提升了小事的价值，也是在提升自身的价值。如果能始终如一地把所有小事都做到尽善尽美，就能得到信任和重用。

工作中，我们要扎扎实实地做好小事，并从中受益。工作之中无小事，端正自己的工作态度，把小事当成大事认真地去做，不放过每一个细节。只有这样才能借助平凡小事的力量推进工作进度，做出不平凡的业绩。职场新人只有认真做好每一件小事，才能一步步地提升自己，一步步迈向成功。

全力以赴地去做，才可能有好结果

在每个人的工作中，机会和困难并存，面对此种情况，你是全力以赴还是主动放弃呢？在接受任务时，我们常说这样的话："我会尽力而为！"这句话看似很简单，但是所表达的意思却不清晰——是能完成任务，还是不能完成任务？只是尽了力，还是全力以赴？其实，仔细思忖一下，它反而更像一个推脱责任的借口。

在很多时候，尽力而为并不等于全力以赴，这两种截然不同的态度也往往决定了执行力的大小。所以，工作能否成功，往往就在于我们是采取尽力而为的工作态度，还是全力以赴的工作态度。

24 岁的海军军官卡特应约去见海曼·李科弗将军。在谈话中，将军问了卡特一些问题，结果卡特被问得直冒冷汗。

结束谈话时，将军问他在海军学校的学习成绩怎样，卡特立即自豪地说："将军，在 820 人的一个班中，我名列 59 名。"

将军皱了皱眉头，问："为什么你不是第一名呢，你竭尽全力了吗？"

此话如当头棒喝，影响了卡特的一生。卡特终于明白：自认为懂得了很多东西,其实还远远不够。此后,他事事竭尽全力,后来成为了美国总统。

要想获得成功,仅仅尽力而为不够,还必须全力以赴。全力以赴是一种积极主动的态度,是一种不畏艰难的精神,也是优秀人才必备的素质。

事实上,各行各业都需要竭尽全力工作的人。在职场中,管理者最需要能够克服困难、将结果而不是问题留给自己的人。我们应主动去了解自己应该做什么,能够做什么,怎样才能精益求精,做得更好,并且认真地规划,然后全力以赴地去完成。

马骏是某公司的员工,他的专业能力很强。一天,管理者交给他一项任务——为一家知名企业做一个广告策划方案。

马骏认认真真地工作了一个星期。当他把这个方案恭恭敬敬地放在领导的桌子上时,谁知,领导看都没看,只说了一句话:"这是你能做的最好的方案吗?"

马骏一怔,没敢回答。领导轻轻地把方案推给他。马骏什么也没说,拿起方案走回了自己的办公室。

他苦思冥想了好几天,修改后再次交上,领导还是那句话:"这是你能做的最好的方案吗?"马骏心中忐忑不安,不敢给予肯定的答复。领导还是让他拿回去修改。

这样反复了四五次,最后一次,马骏信心百倍地说:"是的,我认为这已经是最好的方案了!"

领导微笑着说:"好!这个方案批准通过。"

有了这次经历,马骏明白了一个道理:要想把工作真正做好,做得尽善尽美,就需要全力以赴地去做。从这以后,他在工作中经常问自己:"这是我能做的最好的吗?"如今,马骏已经成了部门主管,他领导的团队业绩一直很好。

认真对待你现在所从事的工作,并全力以赴地做好它,这是一切事业的开始,同时为以后打下坚实的基础。很多成就不凡的人都从事过最普通的、最底层的工作,但是,他们和一般人不同的是:珍惜每一个工作的机遇,从不

抱怨自己的工作平凡，而是认真做好每一件事，最终通过努力来证明自己的价值，让他人看到自己不平凡的一面。

微软总裁比尔·盖茨曾无数次告诫自己的员工："工作需要付出100%的热忱、100%的努力。能完成100%，就不完成99%，虽然仅有1%的差距，但正是这1%，不但会反映出你对工作的态度、作风，而且也会彻底改变你的人生。"在今天竞争激烈的职场上，我们只有全力以赴去做每件事情，连1%都不放过，才能取得好结果和好成绩。

不管做什么事，一旦肯全力以赴，就等于掌握了打开成功之门的钥匙，即使从事最平凡的职业也能取得卓越的业绩。

把自己当做新人，在工作中虚心学习

西点军校的埃里克·霍弗将军有句名言："没有哪个人可以永远独占鳌头，在瞬息万变的世界里，唯有虚心学习的人才能够掌握未来。"在快速发展变化的职场，每个人每天都应问问自己：今天，我又学到了什么？有没有进步和提高？不仅新人应如此，成熟的高技能员工也需要保持学习心态。苹果公司的创始人乔布斯有这样一句话："求知若饥，虚心若愚。"职场人士都应该保持这种学习心态。这是发展和进步的根本动力。

在进入企业之前，每个人都掌握了一定的知识，有些人还有过一些成功的经历，就好比水杯中已经蓄了很多的水。而当你接受新的工作和挑战时，能否成功，取决于你是否能将杯中的水倒空，潜下心来从头学习、从头做起。要想不断进步，就要拥有空杯的精神。空杯的精神就是谦虚的精神。只有把过去的成就忘掉，才能面对新的挑战。要想提高自己的能力，必须善于向他人学习。位置越高，就越要刻意地保持学习心态。唯有虚心学习，才能够成功掌握未来。

2008 年,辒敏晋升为百度技术部副总监,这得益于她的虚心好学。

2004 年,辒敏的职业生涯面临着一次转折。当时,百度对新产品的研发速度明显加快,这就需要一批技术管理人才。一天,高级总监郭眈问辒敏愿不愿意转型走管理路线。辒敏大学学的是计算机,在百度的三年里,每天都工作在技术研发的第一线上,没有任何管理经验。抱着尝试的心态,辒敏开始担任项目经理。但是很快她就发现自己的知识不够用,想当好项目经理还有很多东西要学。

于是,辒敏虚心地向其他组的同事请教,不断琢磨怎么把控项目进度,怎么才能保质保量。她留心观察自己的上司郭眈是怎么开会、怎么找人谈话的,当时技术部组织的所有管理培训她全报名参加。不仅听课时认真,培训结束后,辒敏还会再问自己一遍:以前相关情况的处理方法是否妥当?用新的管理方法能否处理得更好?每次,都会有新的感悟和收获。

渐渐地,学习和工作成为了一种良性循环。不断遭遇新问题,成功处理后,她又向前走了一步;于是又能接触到新事物和新要求,于是就继续学习新东西。这种学习心态,使辒敏的能力不断提升,最终可以完全胜任技术部副总监一职。

身处职场,应时刻保持谦虚的工作态度,多向那些有经验的人学习。这样不仅可以增长工作经验,还会为自己注入新鲜的血液,让自己时刻保持激情和活力。

保持学习精神对人长期的发展是非常重要的。在此之前,你可能获得过很好的业绩,拥有很高的地位,也可能具有渊博的知识,但是当你决定要向下一个目标进取的时候,就一定要保持谦卑的心态。不能因为你曾经是一个企业的老板,就难以听从一个普通员工的指导;也不能因为你曾是他人的上级,就不去听取一个下属的真诚规劝……只有心态谦卑,才能快速成长,才能学到这个行业的技巧与方法。

冯川原来在一家广告公司做经理。由于经营不善,公司在一年前倒闭

了。之后，冯川不断地寻找新的工作，但由于他提出的条件太高，因此屡屡碰壁，直到几个月前，他才找到了一份业务员的工作。

以往找工作，他总希望应聘的公司能给他安排一个不错的职位，毕竟他是一个曾当过经理的人。但是，没有一家公司愿意给一个求职新人提供领导职位，他们更愿意新人能够好好工作一段时间，根据新人的表现再考虑是否对其提升。

屡次受挫之后，冯川改变了想法，他决定再从业务员做起。在面对这份新工作时，他彻底地把自己当成一个新人，在工作中不断进取、不断学习，处处向人虚心请教。由于他工作努力、业绩突出，三个月试用期一过，公司马上给他升了职，他成了部门主管。

冯川由一个经理变成一名普通员工，再由普通员工迅速成长为主管，是因为他能放下架子，一切从头做起，在新的岗位上虚心学习、不懈努力。冯川用自己的亲身经历证明了虚心学习的重要性。初入职场，应本着谦虚好学的精神，从他人身上学习有用的技能和工作的方法，不断地充实和完善自己，最终成为行业里的优秀者。

当我们怀着一种"空杯心态"去面对变化日益加快的职场时，就会抱着一种学习的态度去适应新环境，接受新挑战就能不断地前进与超越。

广泛地学习，全面提升能力

在竞争激烈的职场，仅仅拥有专业知识和理论知识还远远不够，需要掌握的技能涉及方方面面。知识越全面，越有利于提升工作能力。

销售大师汤姆·霍普金斯说："我永远也不会忘记当初我参加的那个推销培训班，我的所有收获都源于那次学到的东西，后来，我又潜心学习了心理学、公关学、市场学等理论，结合现代观念完善推销技巧，终于大获成功。”

随着新知识的不断发展和深入，工作面临的新技术、新问题将会越来越多，工作任务也将越来越重。所以，我们要锻炼自己综合分析问题解决问题的能力，既要努力做好自己的工作，还应了解与专业相关领域的知识。比如技术人员可以多学学管理知识，管理人员也可以多学学生产技术，向复合型人才转变，这样才能在工作中应付自如，不断提高自身价值。

周美华是某监狱的一名普通女警。这份工作需要经常和犯罪分子打交道，所以她刚参加工作时的感受可想而知。随着工作的深入，她不断学习管理教育犯人的方法，工作起来从容了许多。但她的工作方法有些陈旧，有些犯人表面上服从了管教，实际上还有抵触心理。

为了更好地探究罪犯的心理，提高管教水平，让犯人由原来的抵触式服从到心悦诚服式服从，周美华开始自学心理学的相关知识。后来，她被选派到某大学专门学习心理学，并考取了相关职业资格的证书，成为一名持证上岗的心理咨询师。如今，她在该监狱的服刑指导中心专门从事犯罪的网络咨询，工作上得心应手，效果显著。

“随着时代的发展，狱警也需要学习心理学。我们不一定都从事心理咨询工作，但通过学习掌握这项技能，却能更好地开展工作。”周美华说。

要想把本职工作做得更好，就需要个人不断调整知识结构，不断充电，这样才能胜任新的工作需要。如今，无论是狱警学心理学、还是消防特勤学潜水、公司员工学追账等，都是职场人士的明智选择。全面而充足的知识储备，理论知识与实际经验的密切结合，使得员工在职场上能够得心应手，迅速开展工作。

要想成为一名优秀者，必须掌握广博的知识，多读书，多学习，多思考。无论掌握哪一种知识，对工作都是有用的。知识能够扩大你的视野，通过潜移默化的作用，锻炼你的思维能力，增强你的分析能力，强化你的决断能力。在职场中学习的目的是提升自己解决实际问题的能力，通常工作中一个问题的处理，可能要运用到多个领域的知识，所以最好全面地学习。如果能跨

领域学习，就能极快地增强自己的实力。

曾获得过诺贝尔奖的杨振宁教授认为：知识是互相渗透和扩展的，掌握知识的方法也应该与此相适应。当我们专心学习一门课程或潜心钻研一个课题时，如果有意识地把思维的触角伸向邻近的知识领域，必然会有意想不到的新发现。

他认为，对于那些相关专业的书籍，如果时间和精力允许，不妨拿来读一读，暂时弄不懂也没关系，一些有价值的启示，也许正产生于半通之中。采用渗透性学习方法，会使我们的视野开阔，思路活跃，大大提高学习效率。

具有丰富知识和经验的人，比知识单一的人更容易产生新的联想和独到的见解。自身的知识越充足，成功的机会就越大。我们应根据职业的需要，加强与职业有关的知识学习，只有这样才有助于工作能力的提高。

想突破平庸成为优秀，离不开自己素质的提高，尤其是文化素质的提高。在学习中掌握多方面的知识，是造就综合素质人才的根本保证。如果想改变自己的前途，就要抓紧时间广泛汲取知识的营养，从而使自己变得更优秀。

对工作精益求精，使结果尽善尽美

在工作中，有人也许会认为自己的工作已经做得很好了，可如果静下心来仔细想一想："我真的已经把事情做得尽善尽美了吗？"相信许多人的回答都是否定的。

一个人应该有这样的态度：工作要么不做，要做就做到最好。在做任何事情的时候，如果养成了马马虎虎的习惯，那么所有的能力、天分、创造力都很难发挥作用,并且还可能将因此而逐渐消失。世上最有希望成功的人,无不有着精益求精的可贵品质。

姜艳和杨珊是一家大型跨国公司里的两名优秀职员,在对待工作上,都能够尽职尽责。但是,她们两个人的差别就在于,姜艳在尽职尽责地完成了本职工作后,就觉得满足了,而杨珊还力争把工作做到尽善尽美。三年后,杨珊成为了这家公司的一位部门经理,而姜艳只是一名业务主管。

职场上就是这样,有些人本来具有出色的能力,却由于在工作中经常出现疏漏,结果让自己逐渐平庸下去。而另外一些人,刚开始在工作中表现得并不出色,他们也明白自己的情况,为了改变自身的境况,他们全身心地、尽职尽责地投入到工作之中,想尽一切办法把自己的工作做到极致,最终在事业上取得了非凡的成就。

温斯顿·丘吉尔曾说:“唯尽善尽美者为上。”没有人可以做到完美无缺,但是,当你不断增强自己的力量、不断提升自己的时候,你对自己要求的标准会越来越高,这本身就是一种收获。无论你从事什么职业,也无论你做什么事情,都应努力付出,尽心竭力,争取做到最好。

工作的质量往往决定一个人在职场的位置。在工作中我们应该严格要求自己,尽量做到最好。每个人都拥有难以估量的潜能,如果你能够以精益求精的态度工作,就能够把自己身上的潜能最大限度地发挥出来,从而把事情做得尽善尽美。

超越平庸,接近完美,这是一句值得每个人铭记一生的格言。一个人或是一个企业,无论是做人、做事、做产品一定要做到精益求精,好的同时还要求更好,只有这样机遇才可能垂青于你,成功才可能离你越来越近。

1988 年,66 家公司开始竞夺美国国家品质奖——美国企业界的最高荣誉。大部分参赛单位实际上都是一些像 IBM、柯达、惠普等大公司的某一部门,但摩托罗拉却以整个公司为单位参加竞赛,并以绝对的优势轻松夺魁。

能赢得该项奖项,是因为摩托罗拉公司对产品精益求精。摩托罗拉公司从 1981 年就开始为竞争作准备。所有员工都力求大幅度降低工作中的错

误率。一批以时计酬的工人，负责指出错误并有奖励。结果是产品的错误率降低了 90%，但摩托罗拉仍不满意。

于是，公司又为员工设定了新的目标：所生产的电话的合格率达到 99.997%。公司还制作了一盒录像带，解释为什么 99% 的产品无故障仍嫌不足。这盒录像带指出，如果这个国家的每一个人，都以 99% 的品质来工作，那每年就会有 20 万份错误的医药处方，更别说会有 3 万名新生儿，被医生或护士失手掉落地上。试问，99% 的品质，对于将其性命托付给摩托罗拉无线电话的人而言，是否足够？

摩托罗拉的员工深知，1% 的差错会造成 100% 的问题。产品的“零缺陷”和“消除 1% 差错率”正体现了摩托罗拉员工的敬业精神。正是凭着这种精神，摩托罗拉公司最终夺得了大奖。

一个团队怎样才能在竞争中取胜？这就需要个人具有精益求精的做事精神，彻底告别“差不多”思想，这样产品才会有市场，工作才能产生最大的效益。对工作精益求精，是进取精神的充分体现。无论做什么工作，都应该精益求精，力求使自己的技能不断提高，使自己的工作尽善尽美。这样，你时间花在哪里，你就会在哪里看到卓越的成绩。

精益求精不仅是一种品质，更是一种能力、一种追求。优秀源于对“精”的追求，一个人有了“精”的理念，就会有“精”的目标、“精”的行动，就一定会出成果、出精品，最终赢得事业上的成功，成为最优秀的员工。

进取心是永不停息的自我推动力

进取心是永不停息的自我推动力，它不仅是个人，更是企业在竞争激烈的现代社会中立足的基本条件。企业的发展离不开积极进取的员工，所以进取心便是一种极其珍贵的职业品质。进取心是一种激励人前进的力量，它存在于每个人的生命中。正是进取心这种永不停息的自我推动力，激励着人们向自己的目标前进，激励着人们更好地为了业绩而奋斗。

在工作过程中，有些人竟可以达到或接近满分，为什么？正是因为他不满足于当前的成绩，从而不断进取。一个人一旦满足于自己目前获得的成就，便失去了继续前进的动力，不会再追求更高的目标。而在竞争日趋激烈的职场，不前进便意味着后退，就可能被无情地淘汰。所以，我们应永远保持进取精神。

世界球王贝利在 20 多年的足球生涯里，参加过 1364 场比赛，共踢进 1282 个球，并创造了一个队员在一场比赛中射进 8 个球的纪录。他不仅球艺高超，而且谈吐不凡。

贝利在足坛上初露锋芒时，一位记者问他："您哪一个球踢得最好?"他毫不犹豫地说："下一个!"而当他在足坛上风云叱咤，已成为世界著名球王，并踢进了 1000 多个球以后，又有记者问他："您哪一个球踢得最好?"他的回答仍然是"下一个"。

贝利的这一句"下一个"确实发人深省。有人认为这体现了他的谦逊态度，然而，更为重要的是反映出了他的不满足精神。贝利是清醒的，他没有满足今天的"这一个"，而是把最好的一个球锁定在永无止境的"下一个"中。

在职业生涯中要有永不满足的心态。一个阶段的成功要更好地推动下一个阶段的成功。每当实现了一个近期目标，决不要自满，而应该挑战新的目标，争取新的成功。要把原来的成功当成是新的成功的起点，这样才会永远有新的目标，才能不断攀登新的高峰。

每一个人都有超越自己的能力，之所以不能实现超越，是因为没有确立"将工作做到比最好更好"的目标。只要从现在开始，为自己设立出高目标，并积极地行动起来，那么任何一个人都能够超越自我。

2003 年，方文墨以沈飞技校钳焊专业第一名的成绩毕业。"不做则已，要做就做最好!"方文墨的心里憋着一股劲儿。

为了提高自己的实际操作技能，他把加工工件的公差等级都自觉提高一个级别。最终，他练出了精湛的操作技术。

有一次，他要加工某型军机的操控系统。这个立体系统由 8 个面嵌合而成，每个面空隙、平面精度相当于头发丝的 1/5，分到每个面上表面精度不到 1/25，不能高也不能低。小于要求的公差，就会出现滑动、松动；大于这个公差就会发涩、发紧，从而影响操控性能。

面对如此严苛的要求，他拿起锉刀，完全凭经验和感觉操作，在场的人无不提心吊胆。锉完，用仪器一测量，数据完全符合标准。“绝对不能出现失误，否则手一抖，一锉刀下去，几十万元的设备可能就废了。”方文墨从容地说。

2010 年，方文墨在第六届全国青年职业技能大赛上，获得了机修钳工组第一名。26 岁的他，凭着追求卓越、做到最好的钻研劲儿，成为全国最年轻的高级技师之一。

方文墨能够用 7 年的时间走过一个工人正常要走 24 年的职业道路，成为全国最年轻的高级技师，正是因为他具有“做到最好”的职业精神。

无论干什么工作，做什么事，即使取得了一定的成绩，但绝不是最终的，只能算是阶段性的胜利，只有更加务实地工作、更加积极主动地进取，才能创造出新的成绩。

对于工作，“最好”就是到达顶级，“更好”则是正在前进。一个人应时刻保持“没有最好，只有更好”的心态，这样才会让自己不断进步，而不是停滞不前。一次，百度总裁李彦宏在产品讨论会上问起大家对一项新技术的看法，没想到，好几个人都持轻视态度。另外一些人则表示还未来得及关注研究。听到这里，李彦宏走上前台，说：“当我们满足于现状的时候，倒退、挫折就会到来。每一个百度人，永远不要满足，永远要让自己不断学习，不断进取。这样，公司才能更迅速地发展，每一个百度人，也才能跟上公司的成长。”

“没有最好，只有更好”，这是优秀者对待工作应有的态度。唯有如此，才能保持旺盛的工作热情，才能把工作做得更好，也才能不断进步。所以，我们不能只满足于当前的成就，而应追求更高的标准——比最好更好，比优秀更卓越！那么，我们将来的成就也必定永无止境！

下篇

谁比谁更精明，别搬起石头砸自己的脚

第 14 章

别偷奸耍滑玩小聪明，机关算尽自作自受

我们在生活中对人、对事都应离不开“真诚”。一个人如果总是骗人，偷奸耍滑，那么，这个人就会迅速贬值，当其身处困境时，也得不到他人的援助。现代社会压力大，竞争激烈，许多人迫于形势已经变得自私、世故，但高贵的品格是不会过时的。拥有高贵的品格的人才能赢得别人的尊重和信任，为日后的长久发展打下坚实的基础。

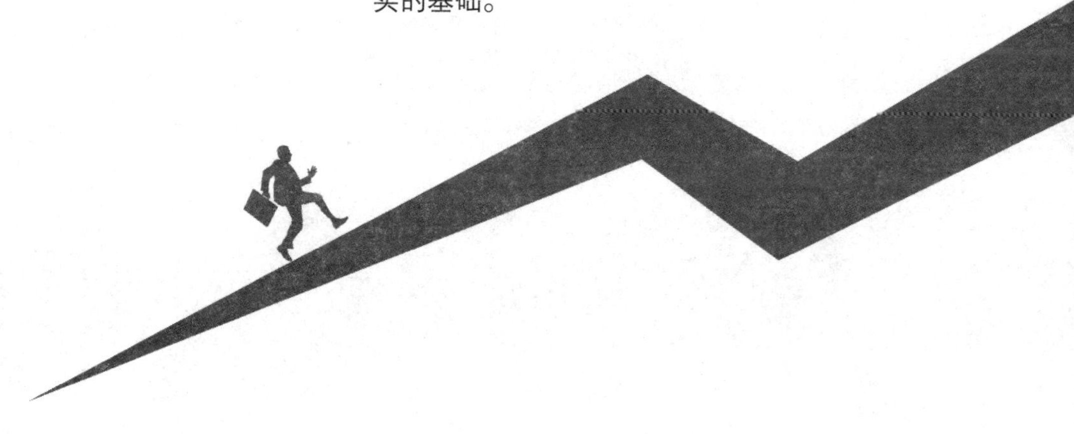

蒙混过不了关，没有不透风的墙

众所周知，诚实是为人处世的基本原则。诚实就是真诚实在，不虚伪。时代发展到今天，这一传统美德被一些人忽视，人与人之间的信任度也大大地降低，而欺骗，弄虚作假，投机取巧则比比皆是。有的人为了自己的利益背信弃义，有的人为了满足欲望花言巧语，乃至巧取豪夺。

生存于世，谁都免不了偶尔说谎。善意的谎言，是值得原谅的，有时还会起到积极作用；然而，恶意的欺骗却是不可容忍的，不论导致什么结果，都为一己私欲，害人害己。

推销大师乔·吉拉德，曾因售出一万多辆汽车创造了商品销售最高纪录。他认为“诚实为最上策”。诚实不仅是人的一种品性，而且也是一种促销方法，一种可广泛运用于各种时候的最佳方法。他说：“绝没有人会傻到把‘六汽缸’的汽车说成‘八汽缸’而卖给客户，只要客户打开车盖，数数从配电器顶部伸出的电线数量，你的谎言就被拆穿了，然后客户将会向 250 人说你是一个说谎者。”“就算那位客户碍于情面不直接告诉亲友，他也会以其他某些方式破坏你或商店、商品的形象。因此你还是采用‘诚实为最上策’这个原则为好。”

诚实是完整人格的基本要素，不论我们身处何种环境之中，都不要放弃自己诚实的天性。美国总统林肯在一次竞选中说：“你能在所有的时候欺瞒某些人，也能在某些时候欺瞒所有的人，但不能在所有的时候欺瞒所有人。”即便虚假能使你攫取金钱，但也只是暂时的，你也不能得到心灵的宁静。诚实是人生的命脉，是一切价值的根基。一个人想做成一件事，如果没有更多的条件可以依靠，只要有诚实，就能把事情做成。李嘉诚曾戏言自己不是

“做生意的料”,因为他觉得自己不会骗人,不符合中国人无商不奸的标准,令人感叹的是偏偏是他做成了全亚洲独一无二的大生意。

香港首富李嘉诚在创业初期曾承受了许多挫折,他曾经因产品的质量问题被客户退货、银行催款。面对工厂的开工不足,他不得不决定停工裁员;留下的员工也为自己的前途忧心忡忡,无心工作。面对这一困境,李嘉诚觉得痛苦不堪。

她母亲得知这一情况后,为了开导儿子,于是给他讲了一个故事:

很久以前,在一座山上有一座寺庙。寺庙住持慧通大师想在自己的两个弟子智能和文远中选一个接任住持。于是,他就把两个弟子召到方丈室,交给他们每人一袋谷种,让他们去播种,等到谷子丰收后再交给他,谁收的谷子多就让谁做未来的住持。谷子成熟之后,智能挑来了满满一担谷子,而文远却两手空空地来了。慧通问他俩原因,文远很是惭愧地说:“我没有种好,谷子根本就没发芽!”慧通听了,当即就让他做了未来的住持。智能很是不服,慧通便说明了缘由,原来他给两个弟子的谷种都是煮过的,煮过的谷种又怎么会发芽呢?

听完这个故事,李嘉诚从中悟出一个道理:欺骗只是一时,诚实才是长久之策。

于是,李嘉诚立即召开全体员工大会,会上他做了深刻的自我检讨,承认是因为自己的经营失误才拖垮了工厂。他向全体员工赔礼道歉,请求他们的谅解;并保证从今以后,自己会与员工同舟共济,绝不会损害员工的利益来保全自己。全体员工都被李嘉诚的真诚所感动,有些员工还流下了眼泪。由于李嘉诚能够真诚地善待员工,全体员工携手并肩地工作,终于使长江实业摆脱了困境,稳步前进!

身在职场,我们跟人交往时要以诚相待。如果你想要靠欺骗来求得自己事业的发展,最终的结果只能是将自己的饭碗打翻。真诚是为人处世之根本,诚实做人才能够为自己建立良好的信誉,有了良好的信誉才能深得他人的信赖与支持,从而让自己在职场立足。

为了得到名誉、权力或者金钱，很多人昧着良心做事，以为欺骗就可以得到幸福。其实，欺骗就像栅栏，幸福会从缝隙匆匆而过，只留下悔恨的痕迹。欺骗也许能得一时之利，却不能维持长久。如果你的欺骗被人看出，即使以后你真的有诚意，仍会被认为是另一种姿态的虚伪。

富兰克林曾说过："一个人种下什么，就会收获什么，我们如果真诚地待人，别人也会真诚地对待我们。"你对别人真诚，别人对你必定真诚；你对别人欺诈，别人对你必定隐瞒。真诚得人心，真诚意味着谅解、体贴、信任、爱护。真诚待人，不但能赢得友情和尊重，而且往往是加倍的。真诚做人，在成功之路上会走得更远。

虚情假意，只会看到无果之花

真诚是一种优秀的品德，只是迫于激烈竞争带来的压力，人们普遍变得不再那么单纯和真诚了，但真诚是永远不会过时的。真诚是一种态度、一种精神，更是一种境界。为人处世如果缺乏真挚的感情，开出的也只能是无果之花，虽然能欺骗别人的眼睛，却不能欺骗别人的心。真诚是做人的起点，也是做人的归宿。只有真诚，才能获得别人的尊重和信任，在复杂的人际交往中立于不败之地。

临近毕业时，哈佛毕业生邵亦波同时应聘两家美国最顶尖的咨询公司——麦肯锡与波士顿。去波士顿面试的那天，邵亦波没做什么准备，就信心十足地去了。因为他始终坚信展现最真实的自我才是最关键的。在面试中，他的一举手、一投足、一言一行都显得那样自信而又真诚。第一轮面试的几天后，波士顿咨询公司就给他寄去了录用通知书。与此同时，麦肯锡也决定聘用他。邵亦波最终选择了波士顿咨询公司。

邵亦波凭借他的能力和真诚从众多竞争者中脱颖而出，得到了人人羡慕的工作。

说到面试，邵亦波说："我觉得最重要的是让对方了解真实的自己。没有人能够把自己修饰成另外一个人。你这样去做的话，一方面很容易被人看穿，另一方面，即使你得到这份工作，也很难做出成绩。"

在人际交往中，始终保持一种真诚的态度，会赢得别人对你的好感；相反，将会失去很多朋友。人们最讨厌那种虚伪傲慢的腔调、趾高气扬的神情。而真诚的态度、动听的语调，能给人一种心悦诚服的力量。美国总统林肯非常推崇真诚的品质。他说过："一滴蜂蜜比一加仑的胆汁能吸引更多的苍蝇。人也是如此，如果你想赢得人心，首先让他相信你是最真诚的朋友。"

马克·吐温是美国著名作家、演说家。虽然他不是很富裕，但为人真诚、幽默，颇受人们欢迎。

年轻时的马克·吐温曾深深被温柔、漂亮的姑娘莉薇所吸引，随着彼此了解的加深，他们真诚地相爱了。于是，马克·吐温去见莉薇的父亲，提出了自己想要娶莉薇的请求。

莉薇的父亲没有贸然答应马克·吐温的请求，他要求马克·吐温证明自己是个品行端正的人。马克·吐温从莉薇的家里出来后，就去办这件事。他想让莉薇的父亲了解真实的自己。

但马克·吐温没有去找那些欣赏他的人，而是找到5位平时对他不屑一顾的人，请他们每人分别写出一份证明材料。自然，这5个人的证明材料里都没什么好话，写满了嘲讽、批评之言。

马克·吐温深知这几份证明材料对自己求婚不利，可还是把它们毫无保留地亲手交给了莉薇的父亲。莉薇的父亲仔细看完了这些材料后陷入了沉思，过了好一会儿，他不解地问道："他们都是些什么人？难道你连一个好朋友都没有吗？"马克·吐温没做任何辩解，只是回答说："我只想让您了解真实的我。"

出乎意料的是，莉薇的父亲对他产生了好感："我喜欢你的真诚，决定同

意你和我的女儿结婚，因为真诚可以使一个人的缺点和错误变得值得原谅。”

莉薇的父亲没有看错人，真诚的马克·吐温也没有辜负莉薇一家人的信任。莉薇成为马克·吐温的妻子后，生活十分幸福、美满。

事隔多年，有一次岳父提及当年的求婚之事，问马克·吐温为什么要那样做？马克·吐温微微一笑说：“知道了我的弱点，你就不会对我期望过高；从不高的期望中发现我的优点，你就会为没有选错我而高兴和自豪。我是在用真诚求爱。”

真诚的人表里如一，容易得到他人的好感与信任。在各种场合，我们都需要智慧，但绝不能缺少真诚。没有智慧，常常就难以想到好的办法；没有真诚，往往就会失去人们的信任。真诚不是智慧，但它比智慧更管用。有许多凭智慧得不到的东西，靠真诚却能轻而易举地得到它。

真诚就像树木的根，如果没有根，那么树木也就没有生命了。真诚对于人，可以说是立身之本。真诚高于人性其他方面的一切品质。正如马克思所说，请交出真诚吧！因为真诚，我们才能取得别人的信赖和信任；因为真诚，我们才可以赢得人生。

许诺如负债，到时必须还

孔子说得好：人无信不立。即人没有信用就没有立足之地。一个人有信用就会有威信，你说话就有人信，当你遇到困难时就会有人乐意帮助你。否则，一个人如果总不讲信用，那么就得不到他人的信任，而当你遭遇困境、需要他人救援时，人们也会采取冷漠的态度。

在《伊索寓言》中，有这样一个故事：

一天，有只乌鸦被捕鸟夹夹住了。它无力脱身，就祈求阿波罗说："您如果能助我脱险，我将向您供奉贵重物品。"阿波罗设法解救了它，但它却把曾许下的承诺丢到了脑后。不久，它又被捕鸟夹夹住了，这次它不敢求阿波罗了，只好向赫耳墨斯求助。赫耳墨斯对他说："你这坏东西，你一向背信弃义，我怎么还会相信你呢？"

这个故事告诉我们讲信用的重要性。一个人一旦失信于人，别人下次就再也不愿意和你交往了。言而无信的人迟早是要倒霉的，即使人家不报复和惩罚你，你的信誉和人缘也必然会损失殆尽，你的各种机会也就没了。行骗最终是要付出惨重代价的，如果我们轻诺寡信，必将会落得一个可悲的下场。而诚信的人，也许并不需要具有多强的能力，却能得到很多人千方百计也得不到的东西，从而为自己的成功奠定基础。

信用是一种无形资产，良好的信誉可以给我们带来意想不到的好处。要知道，糟蹋自己的信用无异于在拿自己的人格做典当。有时候信用比一切更重要。恪守信用是人的美德，也是我们处理好人际关系、树立自己威信的必要条件。你一旦许下了什么诺言，就要恪守信誉，你的言行举止就要给人一种遵守诺言的印象，这种印象将使你受益匪浅。

遵守诺言，待人诚信，是影响他人、赢得信任的方略之一。我们要深刻认识到"一诺千金"的重要性。信守承诺，不仅是品格的体现，也是一种回报率很高的长期投资。当你获得了一个守信用的形象时，就会获得越来越多人的信任，因而会带来越来越多的机会，这时，你的无形资产也在不断增加。

守信是一个人具备良好人品的表现，但它的形成不是一蹴而就的，而是在生活实践中慢慢形成的。这就提醒我们每一个人，平时一定要注意从小事做起，从一点一滴做起，逐渐加强做人的责任感。身在职场，遇事一定要三思而后行，切不可轻易地许诺。然而对于已经许诺了的事，就应该认真地对待，努力地去实现，成为一个守信用、讲信义的人。

主动认错，别想推卸责任

人无完人，没有人会不犯错，可怕的并不是错误本身，而是怕知错不肯改过。在生活中，我们经常听到“这不是我的错”之类的话，我们甚至会看到一些人以抵赖、狡辩等方式推卸责任，或者为了推卸责任而寻找借口。这些都折射出其责任意识的缺乏。

一个人做错了一件事，最好的办法就是老老实实认错，而不是去为自己辩护和开脱。《菜根谭》中说“辱行污名，不宜全推，引些归己，可以韬光养德”。意思是，不好的名声和错误，不可全推给他人，自己也要承担几分，这样才可以保全名声获得美德。

承认错误虽然是一件好事，但愿意承认错误的人终究很少。心理学家高伯特说：“人们只在不关痛痒的事情上才象征性地认错。”这话虽然说来不胜幽默，但到底是事实。许多人是明知有错而不愿承认错误，因为他们认为承认自己的错误是一件很丢脸的事情。面对指责，他们竭力地辩解，而这些辩解反过来又加深了他们的自以为是。

我们总难免会犯错误，如果你犯的是大错，那么想必已尽人皆知，你的狡辩只能让人对你心生嫌恶。不认错和狡辩对自己的形象有强大的破坏力，因为逃避错误换得的必是“敢做不敢当”之类的评语。之后，别人不敢信任你，抵制你，拒绝和你合作。而最重要的是，不敢承担错误会成为一种习惯，会使自己丧失勇于面对错误、培养解决问题能力的机会。所以，不认错的弊大于利。

那么诚实认错呢？也许有人会说，诚实认错，那不是要立即付出代价，独吞苦果吗？有时候碰到没有担当的人，的确会如此，但绝大多数的人都是会“高抬贵手”的。他们会想：人家都认错了，还要怎么样？事实上，能承认自己的错误的人,往往会得到别人的谅解。

美国总统肯尼迪在学生时代曾因欺骗而被哈佛大学清退,当年在竞选美国参议员的时候,他的竞选对手在最关键的时候抓到了他的这一把柄。这类事件在政治上的威力是巨大的,竞选对手只要充分利用这个证据,就可以使肯尼迪诚实、正直的形象蒙上一层阴影,使他的政治前途黯淡无光。一般人面对这类事情的反应不外是极力否认,但肯尼迪很爽快地承认了自己的这一错误,他说:"这件事我做错了,我对于自己曾经犯下的错感到很抱歉,我没有什么可以辩驳的。"肯尼迪这么说,等于说"我已经放弃了所有的抵抗",而对于一个已经放弃抵抗的人,谁还会跟他没完没了呢?

其实如果能坦诚面对自己的错误,再拿出足够的勇气去承认它,不仅能弥补错误所带来的不良后果,还能加深别人对你的良好印象,原谅你的错误。

萨克是一家商贸公司的市场部经理。他在任职期间曾犯了一个错误,他没经过仔细调查研究,就批复了一个职员为某公司生产3万件产品的报告。等产品生产出来准备报关时,公司才知道那个职员早已跳槽了,那批货到了站,自然也收不到货款。

萨克一时想不出补救对策,一个人在办公室里焦虑不安。这时老板走了进来,他的脸色非常难看,还没等老板开口质问,萨克就立刻坦诚地向他讲述了一切,并主动认错:"这是我的失误,我一定会尽最大努力挽回损失。"

老板被萨克的坦诚和敢于承担责任的勇气打动了,答应了他的请求,并拨出一笔款让他外出考察一番。经过努力,萨克联系到了另一家客户。一个月后,这批货以比上次还高的价格转让了出去。萨克的行为得到了老板的嘉奖。

主动承认错误本身就表现了你的勇气与责任感。戴尔·卡耐基这样说过:"即使傻瓜也会为自己的错误辩护,但能承认自己错误的人,更会获得他人的尊重,而且有一种高贵怡然的感觉。"

所以,当我们有理的时候,我们就要试着温和地使对方同意我们的看法;而当我们错了,就要迅速而诚恳地承认,这样才会给人以谦恭有礼、勇于负责任的好印象,收获也会比预期的高出许多。

保持好品质，机遇自然多

在当今社会，衡量人的首要标准是什么呢？答案是“品格”。一个人成功与否，最终往往决定于他的品格。美好的品格，与每个人的事业息息相关，没有任何人可以在缺少它的情况下获得并保持住成功。甚至可以这么说，无论一个人有多么过人的天赋，如果他没有优秀的品格，就绝不可能把自己的潜能发挥到极致。

品格是人一生最重要的资本。总结许多杰出人士走过的道路，我们会看到，他们成功的经历大多一致：那就是他们在年少时便养成了可以使他们获取成功的美德，为日后的大有作为打下了坚实的基础。林肯为什么能取得那么高的成就呢？因为他一生都保持着正直的品格。林肯做律师时，有人找他为一件诉讼中明显理亏的一方做辩护。林肯回答说：“我不能做。如果我这样做了，那么出庭陈词时，我内心将不知不觉地高喊：‘林肯，你是个说谎者，你是个说谎者。’”

无论我们从事何种职业，做出成绩固然重要，更重要的是在做事的过程中培养自己高尚的品格。这样，自己的职业生涯和生活才能有重大的意义。格力集团的总经理董明珠在做中层管理者时，由于能力突出，被另一家竞争对手看上，要出百万年薪把她挖走。在巨大的诱惑和对公司的忠诚两者之间，董明珠毅然选择了后者。在她身上所体现出来的是忠诚。董明珠后来能成为格力集团的总经理，能力固然很重要，更源于她忠诚的品质。做人有品格，这是比金钱、权势更有价值的东西，也是一个人成功最可靠的资本。今天各界的成功人士，同时也以高尚的品格闻名，这其中的奥妙是不言自明的。品格让更多的人放心与你合作，为你带来更多成功的机会。

一天，一个美国商人不慎把一个皮包丢失在华盛顿的一家医院里。他焦急万分地连夜去找,因为皮包内不仅有10万美元,还有一份十分机密的市场信息的文件。当他赶到那家医院时,一眼就看到在医院走廊尽头,靠墙根蹲着一个瘦弱女孩,她怀中紧紧抱着的正是他丢失的那个皮包。

这个女孩叫凯瑟琳,是来这家医院陪重病的妈妈治病的。她家里很穷,因为没有钱明天就得被赶出医院。晚上,无能为力的凯瑟琳在医院的走廊里徘徊,突然,一个匆匆从楼上下来的人将腋下的一个皮包掉在地上,凯瑟琳走过去捡起了皮包,急忙追出门外,那人却上了一辆轿车扬长而去……

凯瑟琳回到病房,当她打开那个皮包时,她和妈妈被里面成沓的钞票惊呆了。那一刻,她们心里明白:用这些钱可以治好妈妈的病。但妈妈却让凯瑟琳把皮包送回走廊等待失主回来取。因为她认为人不应该"贪图不义之财"。

找回皮包后,为了感谢这对母女,商人尽了最大的努力帮凯瑟琳的妈妈治病,但她最终还是离开了人世。之后,商人收养了凯瑟琳。凯瑟琳读完大学后成为了一个优秀的商业人才。

商人临危之际,留下一份令人惊奇的遗嘱:"是她们母女使我领悟到人生最大的资本是品行。凯瑟琳是我做人的楷模。有她在我身边,生意场上我会时刻铭记:哪些该做,哪些不该做,什么钱该赚,什么钱不该赚。这就是我后来事业兴旺发达的根本原因。我死后,我的亿万资产全部由凯瑟琳继承。"

以上的故事告诉我们这样一个道理:品格是人生中最重要的财富,每个人都应该坚守高尚的品格。

丢弃了品格,就等于丢弃了一切,即使这个人再有钱,也得不到他人的认同与尊重,更不可能实现自己对幸福和成功的愿望。人可以以不同的方式追求成功,但绝不能靠投机取巧求名利,不能靠掺杂使假骗钱财,不能靠连跑带送谋官位,而必须靠高尚的品行立身做人。

英国作家詹姆斯·爱伦说得好:"具有好的思想品质的人,往往能够收获令人羡慕的结果;坏的思想从来都不会产生好的结果。一切都是公平的。"如果一个人具有至纯至真的品格,那么欢乐就将永远伴随着他;如果一个人内心藏有邪恶的思想,痛苦就会折磨他一生。

第15章
别人前人后太过圆滑，逢迎拍马受人鄙视

做人要圆通，遇事应能灵活变通，拿捏有度，积极寻求解决之道。这应是人生修养的最高境界。圆滑是一种世故，这样的人滑头滑脑，四处讨好，很难在社会上长久立足。做人理应有自己不变的原则，把“方”和“圆”结合起来，才能左右逢源，无往不利。

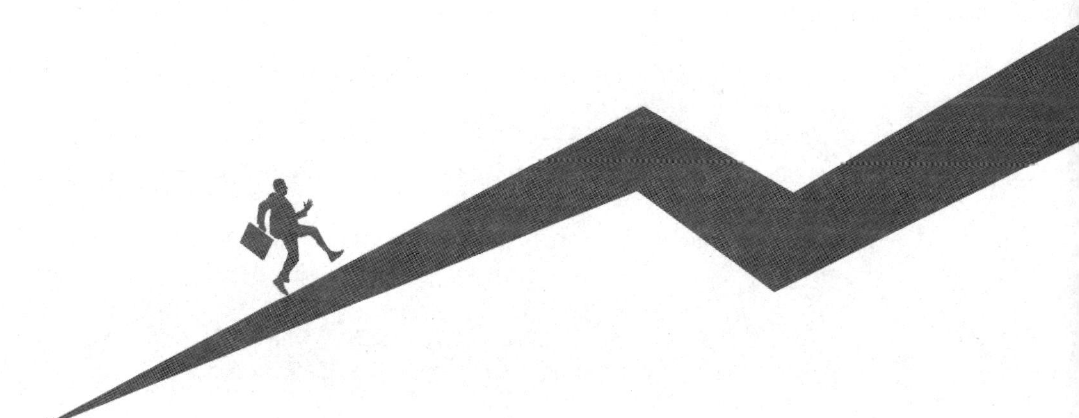

圆通是大智慧，圆滑是小聪明

做人要“圆通”，但不能“圆滑”。圆通不是圆滑。圆通是一种智慧，是指做人能灵活变通，遇事思虑周详，积极寻求解决之道，结果总是皆大欢喜。而圆滑是一种世故，是投机取巧。圆滑的人在做人做事方面不诚实、油滑狡诈、有投机心理，他们面对问题的态度是逃避，而不是设法解决。

做人要圆通不要圆滑，一个通，一个滑，体现了两种做人的品质。圆通需要大智慧，看的是长远；圆滑用的小聪明，图的是眼前。圆滑的人外圆内也圆，表面上看是对人一团和气，实际上已丧失了原则立场。

周玄素是明太祖朱元璋的宫廷画师，他曾受命在宫殿墙壁上画一幅《天下江山图》。周玄素不敢画，也不敢不画，便说：“臣不曾遍游九州，不敢下笔。请陛下先起草初创，臣然后进行润色。”朱元璋听他这么说，一时画兴大发，当即挥毫泼墨，不一会儿，草图就成了，朱元璋一面欣赏着，一面命周玄素：“你现在可以为朕润色了。”周玄素谦恭地回答说：“陛下山河已定，臣怎敢随意动摇？”朱元璋只得一笑作罢。

周玄素的圆滑之处在于巧妙地推掉了很可能惹祸的任务，而又不得罪皇帝。先将朱元璋捧得龙心大悦，尽管知道他要滑头，也无法加罪于他。

也许有人会心存疑问，你看，圆滑乖巧的人这不是混得很好吗？这又如何解释呢？从本质上来说，人们对圆滑的人表面上认可，背地里却会不屑一顾地说“这人滑着哩”。这才是真实的评价。从长远来看，圆滑世故的人很少与人为敌，但是对事对人没有热情，通常奸险者多，以破坏别人的利益来满足自己的私欲，这样的人，通常可得到眼前的利益，最终却会让人看穿真面目，惹人生厌，遭人鄙夷。

圆滑的人只想设法逃避当前的问题,根本不想将之解决。而圆通的人,处世智慧极高,善于利用"推、拖、拉"的短暂时间来充分思考,寻求此时、此地合理的行动方案,以便减少阻力,使大事化小,小事化了。

南朝齐代有个著名的书画家叫王僧虔,他的书法造诣深厚,一手隶书写得如行云流水般飘逸。

当朝皇上齐高帝萧道成也是一个翰墨高手,经常在大臣面前显露才能。一天,萧道成提出要和王僧虔比试书法高低,于是君臣二人都认真写了一幅字。写完后,萧道成居高临下地问王僧虔:"你说,谁为第一,谁为第二?"

如果是一般的大臣,当然立即回答说:"陛下第一"或"臣不如也。"但王僧虔却不愿贬低自己,明明自己的书法高于皇帝,为什么要做违心的回答呢?但他又不敢得罪皇帝,怎么办呢?王僧虔眼珠子一转,竟说出一句流传千古的绝妙答词:"臣书,臣中第一;陛下书,帝中第一。"

他巧妙地把臣子与皇帝的书法比赛分为两组,即"臣组"和"帝组",并对之加以评比,既给皇帝戴了一顶高帽子,说他的书法是"皇帝中的第一",满足了皇帝的"冠军欲",又维护了自己的尊严和品格,使皇帝更敬重他的风骨,觉得他不是那种专门拍马屁的家伙。

果真,萧道成听了哈哈大笑,也不再追问两人到底谁为第一了。

这个故事很有意思,它让我们领悟到了"圆通"的智慧。如果把王僧虔换成其他人,他们的说辞肯定不一样。他们也许会说:"臣的书法怎么能跟陛下的书法相提并论呢?陛下的书法是龙腾深渊,臣的书法是蚯蚓爬泥;陛下的书法是天下独步,臣的书法简直是狗屎一堆!"这是逢迎讨好,是巴结谄媚,是别有用心的大献殷勤。王僧虔不愿这样说。他机智地选择了不得罪人的"圆通"。

做人要圆通,生存于世,打造良好的人际关系需要圆通,将事情办得顺心如意也离不开圆通。圆通是一种宽厚、融通,是大智若愚,是与人为善,是心智的高度健全和成熟。圆通的人不因自己比别人高明而盛气凌人,不因洞察别人的弱点而咄咄逼人,也不会因坚持自己的主张让人感到压迫……

圆通的人在圆滑中存有原则，在坚持中知道变通。

圆通，是一种做人哲学，需要阅历与智慧。只有学会圆通处世，才能在人际交往中游刃有余。

学习处世技巧，更要保持自己的底线

人们常说："没有规矩，不成方圆。"这个"规矩"就是讲做事要遵守法则，为人方正。做人要方，方指一个人有自己的道德原则和价值标准，不被人所左右。做人做事的方法不同，但都离不开原则性。一个人如果什么事都没有主见，只会点头奉承，那不但会被认为不讲原则，也得不到别人的尊敬。

东汉年间，有位叫戴就的管理仓库的小官。他是会稽郡太守成公浮的手下。成公浮为官清廉，不善奉承，因此得罪了刺史欧阳参。欧阳参就派了一个叫薛安的人前来收集太守"贪污"的证据，结果一无所获。为了置太守于死地，薛安就把戴就叫来，威胁他，试图让他做假证。戴就没有听从。薛安对他动用了酷刑，戴就仍掷地有声地怒喝："成太守为官清廉，就是打死我，我也不会诬陷忠良！"薛安见戴就誓死不从，怕出了人命不好交代，只好放了他。后来，戴就凭着方正的品性，被推举为了孝廉。戴就的方正成就了自己的人生。只有心正，才能人正。方方正正做人，才能无愧于自己，无愧于他人。

但如果一个人过于方正，什么事都和别人硬碰硬，那不但会让人觉得他过于好斗，也容易导致两败俱伤。从社会适应力的角度看，为人讲究变通，是一种良好的交往能力的体现。在处理具体事情的时候，该坚持的事就应该坚定地表达自己的想法，可以妥协的事，应该能够设身处地理解他人，做出适当的妥协。

做人要方,但做事要圆。圆指一个人能够认清时务,机智应对,使自己进退自如,游刃有余。这个“圆”不是圆滑,而是圆通。圆通的人外圆内方,守原则而讲技巧,懂得用一些灵活方法来处理复杂的人际关系。圆是变化的一种形式,也是办事的时候一种必要的润滑剂。但原则不能没有,原则是一个人的根本,能做到圆而不滑,才是最佳境界。

宝华是某市教育局的人事科长,经常处于矛盾的包围之中,领导的话他不得不听,违心的事也要办,他的官当得苦不堪言。

在他极其苦恼时,一位智者提醒他,面对矛盾,你何不采取回避锋芒、不直接对抗的退让之法,这能使你得到解脱!宝华茅塞顿开。

一次,一位郭副局长让他想办法将自费毕业的侄子安插到某中学去,这让宝华很为难,因为一旦出现问题,承担责任的是他,而非这位局长。这时他想起了智者之言。于是,宝华对郭局长说:“好,我会尽心为您办这件事的,请让您的侄子把毕业证、档案材料给我送过来。”

郭局长的侄子来了,但只有档案材料,没有毕业证,因为他虽读完了两年学制,但学业不精,自学考试没完全通过。宝华让他先回去等候通知。

过了几天,郭局长又过问这件事情,宝华先说了说他侄子的情况,随后说道:“郭局长,您说话管用,您给那所学校的校长谈谈,只要他们接收,我这就把关系给开过去。”

郭局长从宝华的话里显然已听出了弦外之音,只好说:“那就先放放再说吧。”

宝华对这位局长没有采取直接对抗的方法。而是欲擒故纵、回避锋芒,达到了保护自身的目的。办事要圆顺些,你有什么想法,都不要硬来蛮干,而要多动脑子多想办法,采用迂回的策略,这样才会取得较为理想的结果。

做人应掌握外圆内方的处事技巧。该圆就圆,该方就方,方到什么程度,圆到什么程度,都要恰到好处。在日常工作中,对不同类型的人采取不同的策略,才能建立良好的人际关系;人际交往中要保持适度的弹性,把握好分寸,学会机智应对;面对想要干的事,既要执著,又要学会变通,才能兼顾各方的利益，避免伤害他人，让自己长久立足。

方为做人之本，是以不变应万变；圆为处世之道，是以万变应不变。只圆不方，就好像是一个滚来滚去的“球”，很难在社会上立足。只方不圆，为人处世只是坚守一些规矩和原则，不知变通，缺少灵活，则容易把局面搞僵，把事情办砸。只有把“方”和“圆”结合起来，才能左右逢源，无往不利。

你是在做好人，还是在做“老好人”

从小我们总是受到这样的教导：要做好人，不能太自私，要多为别人着想。这种教育方式似乎没什么问题，但是随着岁月的流逝，我们会发现，凡是具备这种思维方式的人，往往都会成为所谓的“老好人”。

在生活中，经常会遇到很多“老好人”。他们对朋友无微不至、对同事有求必应；他们总是把别人的需要摆在第一位，哪怕自己受苦受累受伤害也不愿对别人说“不”；他们把“多栽花，少栽刺”作为行事准则，面对别人的缺点、错误，不是诚心诚意地提出来，而是能捂则捂，能盖则盖，谁也不得罪。这种“老好人”奉行“是非面前不开口，遇到矛盾绕道走”的明哲保身的处世哲学，常常遇见问题不吭声，开展批评不较真，热衷于“你好我好大家好”。这样做看起来似乎把大家的关系搞亲密了，但仔细回味却发现实则是把人际关系搞庸俗了，搞坏了。

我们或许都还记得这样一个小品：一个人因怕被人看不起，为了想证明自己有能力，他总是对别人说自己能搞到火车票，对人有求必应，经常随便答应别人帮忙购买，而他其实没有熟人，只好自己半夜三更去排队买票。结果托他买票的人越来越多，他把自己逼进了死胡同，有时不得不自己贴钱买高价票，更别说抱着被子上火车站一待就是一夜的痛苦了。这就是一味做

“老好人”带来的烦恼。

看来,“老好人”做不得,存好心往往做坏事,好事做不成,还让自己遭遇“里外不是人”的尴尬。

“老好人”表面上处处讨好,与人为善,实际上却是损原则保情面、损公益保私利、损他人保自己,与真正的好人动机不同,完全是两码事。“老好人”乐于助人、待人厚道值得肯定,但这种消极的做人原则和处世态度却不应提倡。因为他们没有明确的是非荣辱界限,而是处处想“做好人”。但这样做却恰恰违背了做一个好人的原则。

“老好人”会用表面的一团和气害了自己,连带他人。因为不讲原则处处顺从、迁就他人的人,更有可能成为裁员的首要目标。

刘炎是公司里出了名的“老好人”。刚进公司时,他总是小心“侍候”。每逢休假日值班,只要谁说有什么事儿,他都马上答应帮忙;工作期间,他总是早早就到,收拾台面,打扫办公室,只要谁说一句“没吃早餐好饿呀,有没有什么东西填肚子”,他就赶紧拿出自己买的食物,送到他们手上;炎炎夏日,他还经常买些冰镇可乐带给大家喝;别人说好,他就说好;别人说坏,他就不作声,默默隐匿在大家之中。久而久之成了大家公认的“大好人”、老板视而不见的“隐形人”。

但随着工作的渐渐增多,他没有精力再像以前一样做“老好人”了,于是指责和抱怨也就接二连三地来了,有的还当着他的面数落:“摆什么架子嘛?帮我把这份材料送一下!”“嗨,去仓库帮忙领一包打印纸过来,我们等着用呢!”碍于情面,他最后还是做了。

后来,公司由于不景气不得不裁员,刘炎当即被裁掉了。

我们应该做好人,而不应该做“老好人”。好人会真正地负起责任,不怕得罪人,这样才能为公司做贡献,既帮助他人,又让自己受益。“老好人”却会用表面的一团和气最终害了自己。

与人为善并没有错,但如果费尽心力只想讨得周围每个人的认可,为此甚至牺牲了自己的时间和精力来取悦他人,就不能不说这仅仅是个不讲原

则、明哲保身的“老好人”了。

这样的“好”实质上是对拒绝、冲突、批评、愤怒等消极情感的深深畏惧。也许你尽力避免得罪他人引起敌意，因此只考虑他人而忽略了自己，而这种“友善无私”的背后通常是恐惧、自责、缺乏安全感、被孤立、被利用的愤怒和焦虑等。

既然“老好人”活得这么累，那就别总当“老好人”，而要当是非分明、热心助人的好人，只有这样才可以赢得尊重和信任。

别想也来点谄媚拍马，可能会适得其反

如果一个人懂得礼让领导，知道安抚下属，把上头的人哄得开心，把手下的人弄得顺服，通常，我们说此人很圆滑。圆滑的人不惜牺牲尊严，对上一套对下又一套，对下欺骗压迫，向上奉承讨好。过于圆滑的人为了某种利益和目的不惜八面讨好，不惜左右逢“圆”。但这种“圆”的后面是虚伪和丑恶。历史上大家所说的小人即是这种很会“拍马屁”的形象。

一说到“拍马屁”，很多人就会心生厌恶，眼前立刻就会浮现出这样的景象：溜须逢迎，点头哈腰，一副奴才相。人们之所以对“马屁精”甚为不屑，是因为人们认为拍马屁是龌龊之极的事。

《史记》记载：汉文帝时，有一个没有什么才能但很会奉迎的人，叫邓通。此人与文帝私交甚密，权势极盛时，文帝把严道的铜山赐给他，特许他自铸铜钱。

一次，文帝生疮，邓通为表达自己对文帝的忠心，竟然用嘴去吸吮脓血。这令文帝非常感动，他把太子叫来，让他效仿邓通。太子说什么也不肯，惹得文帝很不高兴。太子对邓通的做法十分厌恶，对他让自己在父亲面前难

堪怀恨在心。

文帝去世后，太子继位，是为景帝。时间不长，景帝随便找了个错，将邓通革职了，邓通无奈地回了老家。事情到此仍不算完。事过不久，有人告发邓通偷偷铸钱，经审查属实，邓通被没收了全部家产，最后在抑郁中死去。

邓通吮疮，从医学上讲是医盲，是无知；从政治学上讲是奉迎，是拍马屁。这奉迎之事看上去是两人你情我愿的私事，但其实，肯定会妨碍别人，让人不自在，想不为旁人记恨几乎不可能。奉迎者，多无真才实学；奉迎后，往往会得到过分的赏赐。这样的结果，真才鄙视，庸才嫉妒，结果，奉迎者成了孤家寡人，容易不得善终。

惯于谄媚奉迎的人，待人接物显得非常“热情”，口中充满了“溢美”之辞，然而只要你仔细观察，这类“热情”中不乏虚伪的成分。这类人，嘴比蜜糖甜，却怀揣一种肮脏的心理，设置一些圈套让一些不谙世事的人往里钻，甚至坑了人还要让对方说一些感激涕零的话。生活中不乏这类人，他们常常是“见人说人话，见鬼说鬼话”。人们对这些人是既羡慕他们的这种能力，同时也讨厌他们的油滑。

苗女士在某单位做行政工作，她嘴巴很甜，颇有些人缘，但最近，这位甜嘴巴的苗女士却遭到了一位领导的摒弃。

她的领导非常爱打扮，又很会搭配衣服，稍一动手，就能变换出不同的形象。因此每天早上一到公司，苗女士那种夸张做作的赞美声就涌入耳中：“哇噻，经理！又买了一套新衣服，对不对？颜色好漂亮喔！穿在您身上就是不一样。”隔天一见面，又来了：“看看看！又一套，很贵吧？还有项链、耳环，也是新的吧？我就缺这个本事，不像您如此会打扮。”不仅如此，苗女士还当着客户“恭维”领导，说辞几乎都是：“在我们经理的英明领导下，我才有今天的成绩……”

领导终于被苗女士的过分恭维弄烦了，只好告诉她：“不是你没看过的就是新衣服，我的衣服有的已经穿了五六年啦，只是保养得好，配来配去就不一样了而已！你一嚷嚷，人家还以为我多浪费呢！以后请别再说我的衣服啦！”

可见，这位苗女士对领导的赞美就很不得法。首先，内容千篇一律、毫无新意；其次，她的赞美给人的感觉是不真诚。触犯了这两条大忌，她的领导自然不会喜欢。

每个人都喜欢被人夸奖、欣赏和赞美，夸奖是一门艺术。当然还应将“夸奖”和“拍马屁”区别开来。夸奖可以使别人开心、自己快乐，而“马屁功夫”则是阿谀奉承的庸俗手段。在赞美他人时适当地夸张一点能够有利于表达自己的感情，对方也乐于接受，但过分地夸张就有阿谀奉承、溜须逢迎之嫌。言不由衷或言过其实，对方都会怀疑赞扬者的真实目的。

如果错误地把恭维当做善言，不分对象、不分时机、不分尺度，总是千方百计、搜肚刮肠找出一大堆的好话、赞词，甚至把阿谀当做善言，那么得到的回报就常常会事与愿违。

想处处讨好他人，最后只能形单影只

著名学者曾仕强这样说：“中国人喜欢和谐而不是讨好，喜欢看开而不是看破，喜欢圆通而不是圆滑”。他的这番话实在精妙，指明了中国人的本质所在。

世故者在处理各种人际关系时，老想着讨好、迁就身边人，这样会活得没有自我，活得太累。想讨好所有人，而不得罪任何一个人，这是绝对不可能的，也是没有必要的。刻意去讨好别人，只会使别人产生厌恶，也是非常缺乏自信的一种表现。

曾听说过这么一件事：一天，有两个房地产项目研讨会分别在两个不同的城市举办。上午，业界资深专家老胡为市区高档住宅项目捧场，他侃侃而谈:“现在是讲求住宅科技的时代,地热采暖、新风系统……这样的节能环保、有科技含量的房子才是真正的好房子,其他所谓拥有高绿化率、贴近自然的房子都是经不住时间考验的。”

下午,老胡又出现在一个位于郊区的房地产项目研讨会上,他慷慨陈词:“什么高科技住宅,什么节能环保……这些都是哄人的把戏。真正能体现房子品质的是,高绿化率、低容积率(建筑面积与占地面积之比)、亲近自然的房子。”看看,这位专家老胡是多么善变啊,真让人搞不清楚他到底站在哪一边!

身处社会,一般的人情世故要知道,但是也没必要总是刻意讨好别人。做事的方式有很多种,但做人理应坚守自己的原则,所谓的圆滑世故都只能是谋一时的小利,不是大智慧,也是不明智的。

世故者投人所好,八面玲珑,采取“随风倒”的处世方法,见什么人说什么话。就如有人所刻画的那样:当世故者同多愁善感的人交往,便把自己打扮成多愁善感的人,说话时,眼睛里有时还会泪光闪闪;转身同性格多疑的人交际,他又会装起深沉来,显得老谋深算、久经风霜,把那些正直的举动说成“简单”和“幼稚”;而同率直开朗的人谈话时,他又会马上变得疾恶如仇,好打抱不平,为朋友可以两肋插刀。“逢人迎合不吃亏”是这种世故者的信条。然而,做人想八方迎合、面面俱到是绝对不可能的。在各种社交场合,我们不可能顾及每一个人的面子和利益,你认为顾到了,别人却不一定这么认为,甚至有的人根本不领情。另外,每个人对同一件事的感受和看法都有所不同,你让这个人满意,就会令那个人不满意。

亲近别人要自然,“讨好”心态要改变。有讨好的时间,不如脚踏实地地学点真本事,真心实意地交些真朋友。有自己的一技之长,能够洞悉世事,把握住关键和本质,那么就不用处处迎合。仁慈宽厚、始终如一地对待他人,才能赢得长久的友谊与信任。

第16章
别只顾贪图眼前小利，否则只会耽误自己

人的一生会遇到很多选择，面对选择，主动放弃眼前利益而保全长远利益是最明智的。有时候表面上看来是获得，是胜利，但是从整体、长远看来却是损失，聪明人不会被此迷惑。他们会主动吃点亏，与别人一起分享成就，这能拓宽自己的发展道路，达到双赢。为人处世，要着眼未来，深谋远虑，这才是赢家的制胜之道。

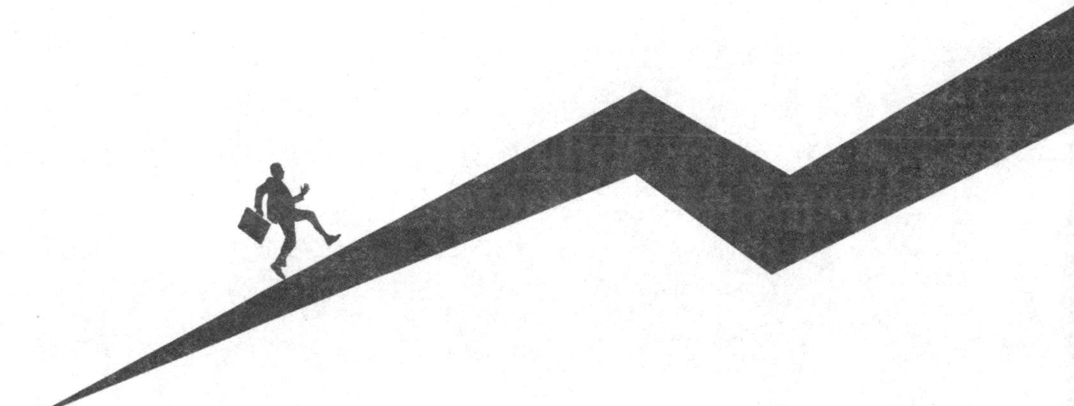

敢于取舍，才能做出正确的选择

人的一生会遇到很多十字路口，当你茫然四顾，不知向何处走时，主动放弃眼前利益而保全长远利益是最明智的选择。正所谓“两弊相衡取其轻，两利相权取其重。”

有的人好急功近利，为了一时的眼前利益，可以不择手段。但急功只能近小利，只有放长线，耐心地等待才能钓到大鱼。有舍才有得，有时候，丢卒保车，舍鱼而取熊掌才能获得更大利益。

第二次世界大战后，以美、英、法为首的战胜国决定在美国纽约成立一个协调处理世界事务的联合国。一切准备就绪之后，大家蓦然发现，这个最有权威的世界性组织竟找不到自己的立足之地！

听到这一消息后，美国著名的洛克菲勒财团果断出资 870 万美元，在纽约买下了一块地皮，然后将这块地皮无条件地赠送给了这个刚刚挂牌的国际性组织——联合国。同时，洛克菲勒家族也将毗邻这块地皮的大面积地皮全部买下。

对洛克菲勒家族的这一出人意料之举，美国的许多财团主和地产商都纷纷嘲笑说：“这简直是蠢人之举。”并纷纷断言：“这样经营不超过十年，著名的洛克菲勒家族财团便会沦落为著名的洛克菲勒家族贫民集团。”

但出人意料的是，联合国大楼刚刚完工，毗邻它四周的地价便立刻飙升起来，相当于捐赠款数十倍、百倍的巨额财富源源不断地涌进了洛克菲勒家族。这种结局令那些曾经讥讽和嘲笑过洛克菲勒家族的商人们目瞪口呆。

无数事实表明，只有深谋远虑、从整体上分析判断，顾全大局，舍小取大，才能做出正确的决策。如果目光短浅，为小利所蒙蔽，就容易丧失机会。

有时,为了顾全大局,保护更大的利益,需要学会暂时舍弃相对较小的利益。

很多时候,舍不得局部的或眼前的一些小利益,很可能就会使自己损失整体利益。有一些事情,表面上看来是获得,是胜利,但是从整体、长远看来却是损失,聪明的人不会被此迷惑。假如你以单纯的想法自以为获得,结果往往会发现其实是受到了损失。

青年阿萨非常羡慕一位富翁取得的成就,于是他跑到富翁那里询问他成功的诀窍。富翁弄清他的来意后,什么也没有说,而是转身从厨房拿来了一个大西瓜。只见富翁把西瓜切成了大小不等的三块,之后把西瓜放在阿萨的面前:“如果每块西瓜代表一定的利益,你会如何选择呢?”

“当然选择最大的那块!”阿萨毫不犹豫地回答。富翁笑了笑说:“那好,请用吧!”于是富翁把最大的那块西瓜递给了阿萨,自己却吃起了最小的那块。当阿萨还在津津有味地享用最大的那块时,富翁已经吃完了最小的那块。接着,富翁很得意拿起了剩下的一块,还故意在阿萨眼前晃了晃,然后又大口吃了起来。

其实,那块最小的和最后那一块加起来要比最大的那一块分量大得多。阿萨此时才明白了富翁的意思:富翁开始吃的那块西瓜虽然没有自己吃的那块大,可是最后却比自己吃得多。

如果每块西瓜代表一定程度的利益,那么富翁赢得的利益自然要比自己的多。

吃完西瓜,富翁讲述了自己的成功经历,最后对阿萨语重心长地说:“要想成功就要学会放弃,只有放弃眼前的小利益,才能获得长远的大利益,这就是我的成功之道。”

不少人看似素质很高,但他们因为难以舍弃眼前的蝇头小利,而忽视了更长远的目标。成功者之所以会成功有时仅仅在于抓住了一两次被别人忽视了的机遇,而机遇的获取,关键在于你是否能够在人生道路上做出果断的取舍。在各种利益面前,你只有敢于取舍,才有机会获取更长远的利益。

人生总是有得有失,一个人只有将眼前得失置于脑后,才能够遇事从大

局着眼，从长远利益考虑问题。求财做事，要立足现实，着眼未来，从长计议，放长线钓大鱼，这才是赢家的制胜之道。

拥有财富，而不是被财富所拥有

在物质极度丰富、科技高度发达的现代社会，时尚名牌满天飞，美女香车招摇过，我们心中常被挑逗得蠢蠢欲动。他人暴富的经历，别墅洋房的诱惑更让我们血脉贲张，跃跃欲试……因此，太多的时候，我们会被世上的金钱、物质所迷惑，心中只想将喜欢的统统占为己有。

适量的财富可以让我们品尝到生活的轻松和美好，但是一旦奢求过度，就会失去追求财富的本来意义，把人生变得苦不堪言。我们想要的太多，但是时间和精力却是有限的，一味地贪大求全、什么都想要，什么好处都想占有，最后难免顾此失彼，甚至适得其反。欲望是无止境的，欲望太强烈，心中就会充满矛盾、忧愁、不安，心灵上就会承受很大的压力，以至于活得很累。两千多年前，老子清醒地认识到人类贪欲自私的弱点，通过对名誉、财富、得失等问题的追问和思考，得出一个结论：过分的贪爱必然会付出沉重代价，过多的拥有必然导致失去更多。而幸福的人生并不在于拥有多少财富，拥有多高的地位，只在于将需求减至最少。

美国好莱坞影星利奥·罗斯顿有句名言："人的身体很庞大，但人的生命需要的仅仅是一颗心。"美国石油大亨默尔从这句话中获益匪浅。

1983 年，默尔因患心力衰竭症住进了医院的急救中心。他病愈出院后马上卖掉了自己的公司，并将所得的钱全部捐给了慈善机构，多达几十亿美元；之后默尔在乡村定居，安度晚年。后来，默尔在自己的传记里这样写道："巨富和肥胖没有什么不同，都是获得了超过自己需要的东西罢了。"

固然，人应该追求健康强壮，但脂肪过多就会压迫人的心脏。拥有足够的金钱，可以使我们的生活更加安定，也可以使人生变得多姿多彩，但多余的金钱会压迫人的心灵。一切多余的念想、多余的追逐都会成为生命的负担。因此，人如果想要活得轻松、快乐、健康，就要善于放弃。

我们不是为了财富而活着，是为了生存才有必要拥有那些金钱物质；要活得有尊严就不能成为金钱的奴隶，而应该成为它们的主人。金钱从某种意义上来讲是衡量成功与否的标志，但在金钱的运用上，则体现了一个人的人生态度。在这一点上，安德鲁·卡内基对我们启发很大。

经过多年奋斗，卡内基终于成为了名震世界的钢铁大亨。1900 年，65 岁的卡内基决定退休，用自己的巨额财富去做他早已想做的公益事业。早在卡内基 33 岁的那一年，他曾在日记中写道：对金钱执迷的人，是品格卑微的人。如果我一直追求能赚钱的事业，有一天我就会堕落下去。假使将来我能够获得某种程度的财富，也要把它用在社会福利上面去。

华人富豪李嘉诚自 30 岁起，就已经跳出了金钱的圈套，再也没有细数过自己的财富。他用钱的守则是："当你赚到了足够的钱，一有机会，就要用钱！这样赚钱才有意义。"

我们每个人都得小心控制自己希望金钱越多越好的欲望。正泰集团董事长南存辉在谈到财富观时说："财富是身外之物，生不带来，死不带走。企业创办初期主要是为了钱，但到了一定程度，更多的是为了一种责任。尽最大的努力去把事情做好，但不贪心、不贪婪，顺势而为。"这种时候，南存辉会强调一句："财富不等于幸福，不要去眼红别人。"

现实生活中，人们总是喜欢拼命地追逐、争夺、索取，认为这样才有可能得到幸福。殊不知，当你费尽心机地得到了这个，消除了一个烦恼，很快你又开始惦记上了那个，你就又有新的烦恼产生。如此反复纠缠，身心难安。事实上，人们追求的东西往往是自己并不需要的。只要我们设法降低自己的欲望，通过心理调节，使自己能够平静地对待财富，从而减轻或消除心理负担，幸福就会悄然而至。

与其你死我活，不如彼此双赢

人与生俱来就有一种竞争的天性，每个人都希望自己比别人强，都不能容忍自己的对手比自己强。因此，人们在面对利益冲突的时候，往往会选择竞争，拼个两败俱伤也在所不惜。其实这是一种目光短浅，思维浅薄的行为。这种做法容易绝了他人的财路，自己也占不到什么便宜。而由此产生的后果往往对双方不利。

有一则寓言故事：一只狮子和一只狼同时发现了一只鹿，于是商量好共同去追捕那只鹿。它们互相配合，当狼把小鹿扑倒后，狮子便上前一口把小鹿咬死了。但这时狮子起了贪念，不想和狼平分这只小鹿，于是想把狼也咬死，可是狼拼命抵抗，最后它们两败俱伤，谁都无法享受美味了。

试想一下，如果狮子不起贪念，和狼共享那只小鹿，也许就皆大欢喜了。大自然中的弱肉强食只是为了生存需要，顾及不了长久利益；但人类社会中，任何“你死我活”的竞争对自己都是不利的。所以有越来越多的人赞同“你活我也活”的“双赢”策略。

竞争固然可以促进社会的发展，但是畸形、过度的竞争却无一例外会导致前功尽弃、两败俱伤。只有各让一步，你也达到目的，我也达到目的，才可以让大家都满意，合作才能稳固，利益才能长久地保持。因此，在办事过程中，无论是面对合作伙伴，还是面对竞争对手，我们都应该坚持“双赢”。

晓慧在竞聘报社记者部主任一职时败给了对手夏鹃，心里很不是滋味——一是自己竞争失败了，二是她担心自己以后在记者部没有好日子过了。于是特别想调离记者部去做一名专职编辑，但又不甘心放弃记者生涯。犹豫不决之时，忽然得到夏鹃交给她的一项重要任务：负责一个重大选题的采访,并被任命为首席记者。这大大出乎晓慧意料,着实让她大吃一惊。

这就是记者部主任夏鹃对待同事兼竞争对手的“双赢”策略。她说:“如果我不任命她为首席记者,不委以重任,部门里就会形成以她和我为中心的两个帮派。有了这样一个对峙的小团体,以后的工作还怎么展开啊?所以我们之间应该和睦相处,适当地给她一些重大且富有挑战性的采访任务,让她有受到器重的感觉。更何况她还是整个部里最有实力的记者,工作能力很强,又有威望,人际关系处理得好,会成为我最得力的助手。”

果然,晓慧圆满地完成了此次采访任务。她们之间正确处理同事关系的方法受到了领导和同事的一致称赞。

夏鹃的这种做法让晓慧觉得满意,你赢了可是我也没有输,这样的结果才是最令人开心的。事实证明,对于自己看不惯或有利益冲突的人,最可取的办法是选择一条互利之道,团结为本,回避矛盾。如此不仅显示了你宽容的胸怀,更体现出了你以公司的整体利益为重,而顾全大局乃是公司决策者最为欣赏的首要素质。

不论是在职场或商场,都存在激烈而残酷的竞争。我们与老板、与客户、与同事、与对手,都要摆正竞争与合作的关系,以利人利己的“双赢”思维做大市场,做大事业,而不是以“杀敌一千,自伤八百”的赌气竞争心态,非要来个你死我活、两败俱伤。

现实生活中,有很多事仅靠一个“争”字是解决不了问题的,与其去争,倒不如先“让”。这样就能化暴戾为祥和、化干戈为玉帛,最终获得“双赢”的结果。一个人要想成功,必须具备“你行我也行,你赢我也赢”的意识。面对对手,一定要不屈不挠,咬紧牙关,迎难而上,决不退缩,这似乎是对“竞争”的共识。但明智的人选择了另一种方式:站到对手的身边去,把对手变成自己的朋友。所以,最好的办法不是打败他,而是把他变成自己的朋友,实现“双赢”。

学会放弃一点眼前利益,让别人也能够获得一些好处。学会做长久的打算,让自己的道路变成可持续发展的道路,让和你交往的人也是“胜利

者”，这才是生存法则。

任何时代，竞争都是一个永恒的话题。竞争应该在合作的怀抱里微笑。微笑竞争，携手同行，这是“双赢”的智慧，更是人生至高的境界。

智者成人之美，不乘人之危

孔子说：“君子成人之美，不成人之恶，小人反之。”君子与小人只有一线之隔。成人之美是君子所为，这方显做人美德。而小人多乘人之危，把别人获得的功劳，不择手段地夺取过来作为自己的功劳。在现代社会，这种做法要坚决杜绝。颜之推曾说过：“凡是有一点可取之处的人，都要称赞他，不能偷窃他人之美作为自己的美。”

成就他人之美，一副小肚鸡肠是不行的，必须胸怀坦荡，善于推荐他人，赞美他人，成就他人。思想意识中只有自己，对身处逆境需要帮助的人袖手旁观，这是一种对自己对他人不负责任的行为。如遇到他人需要帮忙时，只要是力所能及的，一定要给予支持与帮助，千万不可被自私自利的想法左右。

亚历山大和大流士在伊萨斯展开激烈大战，大流士失败后逃走了。一个仆人想办法找到大流士。大流士询问自己的母亲、妻子和孩子们怎么样了，仆人回答说：“他们都还活着，而且人们很尊重她们，礼遇跟您在位时一模一样。”

大流士听完之后，又问：“亚历山大是否曾对我的妻子强施无礼？”仆人先发誓，随后说：“陛下，您的王后跟您离开时一样，亚历山大是最高尚和最能控制自己的英雄。”

大流士听完仆人这番话，举起双手，对着苍天祈祷说：“啊！宙斯大王！

我祈求您，如果可能，就保佑我的王国天长地久。但是如果我不能继续称王了，我祈求您把这个王权交给亚历山大，因为他的行为高尚无比，即使对敌人也不例外。”

在平时的生活和工作中，稍加留心就可以做到成人之美。如果你想获得成功，就应该想方设法获得周围人的支持和帮助。只有你真诚地对待别人，别人才会与你真诚合作。善待他人是一种习惯，而成人之美也就是善待自己。

英国生物学家达尔文，在 1839 年就已经形成了进化论的观点，并陆续写成了手稿，但他没有急于付印发表，而是继续验证材料，补充论据。这个过程，长达 20 年。

1858 年夏初，正当达尔文准备发表自己的研究成果时，突然收到马来群岛从事考察研究的另一位英国生物学家华莱士所写的题为《记变种无限地离开其原始模式的倾向》的论文，其内容跟达尔文正准备脱稿付印的研究成果一样。

在这个关系到谁是进化论创始人的重大问题上，达尔文准备放弃自己的研究成果，把首创权全部归华莱士，他在给英国自然科学家赖尔博士的信中说：“我宁愿将我的全书付之一炬，而不愿华莱士或其他人认为我达尔文待人接物有市侩气。”

深知达尔文研究工作的赖尔坚决不同意达尔文这样做。在他的坚持和劝说下，达尔文才同意把自己的原稿提纲和华莱士的论文一齐送到“林奈学会”，同时宣读。

华莱士这才得知达尔文先于他 20 年就有了这项科学发现，他感慨地说：“达尔文是一个耐心的、下苦功的研究者，勤勤恳恳地搜集证据，以证明他发现的真理。”他宣布：“这项发现本应该单独归功于达尔文，由于偶然的幸运我才荣膺了一席。”正是达尔文善于成人之美的行为，才换来了华莱士对达尔文的莫大尊敬。

其实，在不违背原则的情况下，适当地退一步是完全可以的。在平时的

生活和工作中，稍加留心就可以做到成人之美。成人之美其实是一种高超的交际艺术。当你满足了别人的愿望之后，别人就会感激你，而且会产生知恩图报的想法。当你为别人提供了方便，使别人得到满足，反过来别人也会设法为你提供方便，乐于成人之美的人总能得到别人的帮助和配合。所以推荐别人也等于推荐自己，成就别人也等于成就自己。成人之美不会失去什么，相反会真正得到；得到的不只是一个人的帮助，更大的益处是得到一个人的心。

现代人要修炼成人之美的大胸襟，成就他人的同时，也塑造了自己的好名声，这是智者所为。相反，经常乘人之危的人，掠夺了他人的利益也破坏了自己的形象，人人都会敬而远之，这无疑是愚蠢的做法。切记，智者成人之美，自己也美。

吃亏是福，也是一种处世策略

郑板桥有句名言“吃亏是福”。对于修身养性而言，这句话值得我们去推敲。细细想来，又有几个人肯吃亏，又有几个人真的认为“吃亏是福”呢？

“吃亏是福”是福祸相依的生活辩证法，是一种深刻的人生哲学。“吃亏是福”道出的是一种潇洒的生活态度，敢于吃亏也是一种做人的方法。事实就是如此，自己主动吃点亏，往往能把棘手的事情做好，能把很难处理的问题顺利解决。

香港首位“千亿富豪”李嘉诚说过这样一句话：“一件看起来是吃亏的事，往往会变得非常有利。”李嘉诚经常向人谈起他当年做生意时的一段经历，说明做生意要不怕吃亏，一时吃亏，长远来看却往往有利。

李嘉诚 22 岁时开始自立门户做生意。有一家贸易公司曾向他订购一批玩具输往外国。当货物已卸船付运,可以向对方收取货款时,贸易公司的负责人来电通知,说外国买家因财政问题无法收货,但贸易公司愿意赔偿损失。李嘉诚根据对市场行情的分析,认为这批玩具很有市场,不愁买家,因此没有接受这家贸易公司的赔偿,也没有把这件事放在心上。

后来李嘉诚转型做塑料花。有一天,一位美国商人找到他,说经某贸易公司负责人的推荐,认为李嘉诚的工厂是全香港规模最大的塑料花厂,希望能够跟李嘉诚合作。李嘉诚后来才知道,那家贸易公司的负责人认识这位美国商人,并在这位美国商人的面前说尽了李嘉诚的好话,说他是一位完全值得信任的生意伙伴。这位美国商人最后同李嘉诚签了6个月的订单,日后又成为了永久的客户,他们所需要的塑料花逐渐全部都由李嘉诚供应,使李嘉诚的塑料花业务得到了长足的发展。

可见,吃亏并非是一种损失,虽然自己一时吃了点亏,但会因此获取别人的感激,赢得信任,以后发展的道路也会被拓宽。所以说,吃亏并不是真的吃亏,有时是一种隐性投资。因你的吃亏而获利的人,可能会给你更大的回报。

李嘉诚在临近退休时,曾给两个儿子出了一道测试题:你们掌管集团后,准备拿集团的多少股份,是拿10%,还是12%?两个儿子当时不假思索地说拿12%。

随后李嘉诚给出了答案:10%、12%你们都不能拿,要拿就拿8%!这是为什么呢?李嘉诚解释说,如果拿12%,董事们私下就会认为你们太贪心;拿10%虽不多不少,但显得平淡无奇;只有拿8%,才会让人觉得有素养,谦虚,不贪心,从而信任你们,愿意跟你们做生意。虽然暂时吃点亏,可这是最好的广告啊!

成功的人都是很聪明的人,最明白“吃亏是福”的道理。他们一般不计较眼下的区区得失,而是把眼光放长远。虽然他们的好多行为在别人看来都难以理解,但是他们心里清楚,自己的努力在将来肯定会得到巨大的利益回报。

亚东大学毕业后，在一家出版社的编辑部工作，他十分乐于助人，口头禅是“吃亏就是占便宜”。出版社的工作很忙，其他的人多干一些活就抱怨连连，只有亚东像旋转不停的陀螺，遇到什么活儿，他都毫无怨言地去做。

后来，亚东成为受人支使最多的人，他像每个部门的临时助手一样，一时人手不够，他就赶紧帮忙，取稿、跑印刷厂、邮寄、直销……所有的业务流程，亚东都参与过。

渐渐地，亚东熟悉了出版社的整个运作状况，几年之后，他成立了自己的文化公司。那些“吃亏”时锻炼出来的经验，帮了他的大忙，运作不久，他的公司就步入了正轨。

其实，越是不肯吃亏的人，越有可能吃亏，而且往往多吃亏，吃大亏。唯有不计较吃亏的人，才会真正得福。吃亏，虽然意味着舍弃与牺牲，但也不失为一种策略、一种品质。如果能做到不计较吃亏，甚至主动吃亏，就能拓宽以后的发展道路。

一个新人刚到一家单位，领导是不太可能将重要的工作交付给他来完成的。如何让领导对你的工作能力产生信心呢？这完全体现在对待各项工作的态度上。要学会主动吃点亏，认认真真地将工作完成。同事遇到困难时，也不妨吃点亏，尽可能帮助分担一些。只有这样，他们才会愿意传授你工作经验。这些其实都是在给自己积蓄成功的资本。

对处于弱势的人来说，主动吃一些亏是必要的。如果不想吃亏，不甘心吃亏，就可能什么都得不到。“吃亏是福”，请记住这句话，它将对你以后的人生大有裨益。

“吃独食”最危险，与人分享才明智

上学时，老师经常告诫我们：“好吃的东西不要一个人独吞，要适当分给大家一些。”等我们长大步入社会后，现实的磨砺和复杂的人际关系，让我们彻底明白了这句话的深刻含义。我们渐渐明白，好东西不能自己独吞，要分给众人一些。

如果你独享那份荣耀，就是在威胁别人的生存空间，因为你的荣耀会让别人变得黯淡，令他们产生不安全感。因此当你在工作上有特别表现而受到奖励时，千万别独享荣耀，否则这份荣耀会为你带来人际关系上的危机。

陈荣在一家图书出版公司担任编辑。有一次，他策划的图书在评选中获得了大奖。除了上级单位颁发给他的奖金之外，领导另外给了他一个红包，并且当众表扬了他的工作成绩。但是他并没有在现场感谢领导和同事们的协助，更没有把奖金拿出一部分请客，大家虽然表面上不便说什么，但心里却感到不舒服。

一个月过去了，陈荣发现工作氛围似乎有些变化，平日里的欢声笑语全部消失了。单位里的同事，似乎都在刻意地躲避他，有的还有意和他过不去。尤其是他的上级领导，因他的获奖产生了不安全感，害怕失去权力，为了巩固自己的领导地位，也暗地里给他设置障碍。陈荣的处境变得十分艰难。一段时间以后，他终于找到了矛盾的根源，原来他犯了“吃独食”的错误。

这本书之所以会获得大奖，陈荣身为主编功劳自然很大，可是那毕竟不是他一个人的成就，其他人也为此付出了很大的努力，这份荣耀也有他们的一份。陈荣独占了所有的荣耀，别人心里当然不舒服，与他作对也就是很自然的了。

当你在工作上有特别表现而受到奖励时，千万记得“别独享荣耀”，否则就会给自己的职场关系埋下隐患。明白人皆知：一个人独享成果，会引起其他人的反感，容易堵死自己的后路。因此当你在工作和事业上干出名堂、取得成就时，应该学会与其他人分享。

美国有一位农场主，凭着勤奋与智慧，他所种的农作物每一年都能获得当地农会竞赛的最高荣誉“蓝带奖”。而得奖后他一定会将他所获奖的最佳

品种分送给他的邻居们。

大家都觉得奇怪，难道他不怕别人得到他获奖的品种，会在下一次的比赛中胜过他吗？对此，他微笑着答道："我无法避免因风吹而使邻居的花粉飘到我的田里。倘若我不将好的种子分给每个邻居，那么飘过来的不好花粉也必然会影响我的田地产出的品种。唯有我周围的品种都是好的，才能保证我的田里产出最好的品种。而我在得奖之后，仍然会继续努力研究改良，因此我仍能连续不断地获得最高荣誉。所以我从来不担心别人超越我，相反，若有人超越我，将带给我精益求精的动力，让我追求更大的进步空间。"

许多人常常吝于与人分享，深恐别人知道自己的成功方法，将自己超越。如此一来，自己便丧失了再成长、再进步的氛围与动力。而学会与人分享，却能促使自己不断进步，取得更大的成就。

首先，感谢他人。当获得荣誉时，你首先要感谢同事的帮助和协作，尤其要感谢领导的提拔、指导。这样做有很大的妙用，显得你谦虚谨慎，从而能减少他人的嫉恨，赢得支持。

其次，与人分享。言语上的感谢是必不可少的，但是物质上的分享更不能缺少。获得荣耀后，不妨请大家吃顿饭，在饭桌上真诚地感谢帮助过你的人。众人分享了你的荣耀，受到了你的尊重，你们日后的关系会更加融洽。

最后，为人谦卑。人一旦获得了荣耀就容易"忘了我是谁"，这时旁人就遭殃了，他们要忍受你的嚣张气焰，又不敢出声，因为你正在春风得意之时；可是慢慢地，他们会在工作上有意或无意地抵制你，不与你合作，让你碰钉子。因此有了荣耀，更要谦卑，以免遭到别人的妒忌，招惹麻烦。

不要独享荣耀，其实就是不要去威胁别人的生存空间。而你的感谢、分享、谦卑正好让旁人吃下一颗定心丸。事实正是如此，一个人"吃独食"最危险，大家都有汤喝才是硬道理。是否懂得这一规则，决定了一个人是阻力重重，还是步步高升！

第17章
别城府过深精于心计，多点成熟少点世故

成熟是智慧做人的重要标志，而世故只能把人生引入歧途。成熟的人，不怨天尤人，不媚俗媚上，做人堂堂正正，处世不卑不亢。成熟不是世故。世故是一种圆滑，而成熟则是岁月的沉淀，是一种独特的美。世故在人际交往中给人留下的印象是不可信、不可靠和不可近。所以做人要成熟，但不要世故。

用出世的心态，做入世的事情

著名美学家朱光潜曾说过："以出世的心态，做入世的事情。"这话让人信服，它其实是用极简单的语言，说出了人生极复杂的道理。

"入世"就是把现实生活中的利害、得失、恩怨、情仇、成败、对错等作为做人做事的基本准则。做事谋生，积极主动，用有限的人生追求无限的成就。当一个人入世太深，陷入烦琐的事物之中，把实际利益看得过重，难以超脱出来冷静全面地看问题时，就需要有点出世的精神。

"出世"就是做人不能太拘泥于现实、太苛求利益，要以平和的心态对人对事，既要全力以赴，又要顺其自然。站得高一点，看得远一点，对有些东西看得淡一些，这样才能排除私心杂念。以这种出世的精神去做入世的事业，就会事半功倍。我们活在现实中，要生存，要讲入世，但我们精神上要出世，保持内心的平静。

正泰集团股份有限公司董事长南存辉也常将"以出世的心态，做入世的事情"奉为座右铭。

在创业的二十多年中，正泰一直一心一意做电器。对此，有人质疑南存辉是否保守了一些，放弃了很多快速扩张的机会，丢掉了许多过亿的收入。对此，南存辉不为所动，还提醒人们要经得住诱惑，耐得住寂寞。这种时候，他会告诫大家："世上值得投资的东西太多了，但人的精力是有限的，我们应该集中精力做最重要的事情！"

南存辉的这番话，可理解为做人做事都要超然一些。

人都有欲望，渴求官职、名望、金钱、美色、豪宅、名车，总之无外乎名利二字。所以做人首先要有出世的心态，有了出世的心态，知道人生的一切不过是过眼烟云，就会把身外之物看淡，豁达、潇洒，了无牵挂。心态平和，自然也就能理智看待成就。

但如果只停留在这一层面上，那就未免有点“消极”了。只讲“出世”而不讲“入世”，则对人生的体悟还说不上全面深刻。从另一方面看，只是一味地出世，一味地冷眼旁观，而不想去做一点实际的、入世的事情，到头来只能是空耗日月。所以还要入世，尽自己的能力做事，尽最大的努力去做好，不仅仅是为自己，更重要的是为他人。

“以出世的心态，做入世的事情”，告诉我们应放下心中的杂思妄想，珍惜时光，积极主动地把眼前的每一件事都看成大事，扎扎实实地把它做好。在世俗中应尽自己最大的努力，不以权力、财富、名望为追求目标，而讲求修身、养德、济世，用来成就自己，造福他人。

世事纷纭，易生浮躁，我们要以超然的心态做事谋生。跳出自我，超越自我，才能更好地看清自我，成就自我。我们应在“出世”和“入世”之间保持平衡，让事业、家庭、个人修为之间达到和谐，这样即使不能大成，也会收获快乐人生。

知世故而不世故，才是真成熟

成熟的人容易收获成功人生，世故只能把人生引入歧途。世故的人容易给人留下不可信、不可靠和不可近的印象，难以建立好的人际关系。所以，我们应该努力追求成熟，但一定要懂得成熟不等于世故。

世故的人，人情练达，圆滑机巧，他们身上缺少的是真诚质朴，多的是虚伪矫情，浑身散发着世俗气。世故者一向采取滑头主义和混世主义态度，专搞中庸，惯于骑墙。他们和人可以谈天说地，但是只摆现象，不下结论，迫不

得已时也只说些大家早已公认的结论。遇到原则问题需要辨明时，则尽说些模棱两可、怎么说都有理的话。世故者往往不动声色地冷眼旁观一些事情，不惹是非，明哲保身。

世故是现实存在的，有其存在的土壤和必然性。世故者看到社会的阴暗面时，无法透过现象看本质，分不清主流和支流，往往被阴暗面所吓倒。他们冷眼观世，觉得人生残酷、社会黑暗，对事对人睁一只眼闭一只眼，这不是成熟，应该叫做虚伪。

一个成熟的人懂得换位思考，乐于退让，遇到一切不顺心的事、讨厌的人，都能从容应对，不伤和气又不失立场，这才是成熟。“成熟与世故并不是画等号的。”央视主播康辉在厦大演讲时，告诫同学们说，“希望当代年轻人在越来越成熟的过程中，远离世故。”康辉认为：“成熟是用一种依然干净和清澈的眼光看待世界，而世故是完全站在自身利害的角度去看待人和事，去做判断，而这样，一个人的眼睛慢慢地会变得越来越浑浊，看待这个世界也会越来越浑浊。”

做人应成熟而不世故。看到社会或人生的阴暗面时不被吓倒，表面上沉静而内心却有一腔热血。成熟的人，不怨天尤人，不媚俗媚上，不人云亦云；做人堂堂正正，光明磊落，处世不卑不亢，淡定自若。

成熟者由于对社会、人生充满信心，因此他们的处世态度是以改造社会为前提。生活历练中，我们应让自己有一双会分辨的眼睛，并坚持自己应该坚持的东西，不媚俗，不盲从。只有保持自己真诚的底色，才能在鱼龙混杂的社会中，拥有一颗不会随波逐流的心，才能守住自己的内心。

我们为人应有所坚持，行事要坦荡，深谙现实的微妙却不为之流逝自己内心真诚的东西。即明了世俗却不会融入世俗，知世故而不世故，依然真诚，依然热情……要想长久立足于世，就得要成熟而不要世故。

处世成熟，不意味着赶走纯真的心

长大成人后，总算摆脱了父母的庇护，开始独自面对生活。社会生活远比学校课堂复杂得多，许多人从一个个教训中走了出来，开始学会了掩饰，不再随便地表露自己的感情。于是有些人认为，纯真就是笨就是傻，是愚蠢无聊的行为。他们开始变得胸有城府。

纯真与有城府是矛盾的吗？其实并不矛盾。它们各自有适合各自的场合。有城府并不意味着失去了纯真。如果一个人在所有场合中都保持着一份警惕，那这个人肯定会遭人摒弃。世事、人事太复杂，我们都喜欢和成熟的人交道，这是因为成熟的人底色是纯真的，有处事的原则，待人真诚可信。最成熟的人，能够将一切尽收眼底，取精华，去繁复，遇事沉着冷静，更为重要的是，还能在这种坦然与冷静下，保持天真和单纯的心态。

其实，做人成熟与否，不在年龄大小，不在阅历深浅，全在于自己内心的修炼。有的人白发苍苍也不见得成熟，过了一辈子也是稀里糊涂，岁月更迭却没有让他拥有一颗成熟的心。有的人年纪尚轻，做事却有条不紊、从容大度，懂得找到位置和分寸。在太多的时候，做人不妨纯一些、真一些，多一份纯真，少一些世故。

1928 年，沈从文被当时任中国公学校长的胡适聘为该校讲师。当时沈从文才 26 岁，学历只是小学文化，闯人繁华的上海时间不长，即以一手灵气飘逸的散文而震惊文坛，颇有名气。

但是，名气不是胆气，在他第一次走上讲台的时候，面对台下的一个个渴求知识的学子，他竟整整待了 10 分钟，一句话也说不出来。后来开始讲课了，而原先准备好的要讲授一个课时的内容，被他三下五除二地 10 分钟就讲

完了！这时离下课时间还早呢，但他没有天南海北地瞎扯来硬撑“面子”，而是老老实实拿起粉笔在黑板上写道：“今天是我第一次上课，人很多，我害怕了。”这引得全班爆发出一阵善意的欢笑……胡适知道后，评价这次讲课时，认为沈从文的坦言与直率是“成功”了。

在日复一日的世俗生活中，我们开始慢慢地失去纯真，也很难找到快乐的感觉。其实如果想要获得快乐，那就绝对不能让自己失去纯真。纯真就是诚实无欺地对待每一件事、每一个人，做一个真挚纯粹的人。人只要有一颗纯真的心，精神面貌就一定很有朝气，为人处世也会很平和。

一个人涉世越深，越容易受到世俗恶习的污染，原本纯真的心往往会变颜色，且身陷世故泥淖而无力自拔。只有那些真诚坦率、心存纯真的人，才能不被世俗所染，并保持其本色。任时光飞逝，在走向成熟的路上，请别忘记：永远保留一份纯真！

没有缺点，反而让人不知如何接近你

俗话说：金无足赤，人无完人。在向他人介绍自己时，把自己说得过于完美，反而会引起对方的怀疑。倒不如坦率地承认自己的弱点，让对方更加全面地了解自己，这样他人会觉得你更加真实可信。

人越成熟，就越显得完美，这是一件好事情。庄稼成熟了才能收割，果实成熟了才有味道。人也是这样，成熟的人看上去稳重，说话办事有板有眼，容易给人一种完美无缺的感觉。但是，一个人如果成熟得毫无缺点，就容易遭人嫉恨，会被人敬而远之。

美国有位心理学教授曾做过一个试验：他把四段情节类似的访谈录像放给接受测试的对象。

在第一段录像中,接受访谈的是个非常优秀的成功人士。他在接受主持人采访时,表现得非常成熟、稳重,没有一点羞涩的表情,他的精彩表现,不时地赢得台下观众的阵阵掌声。

在第二段录像中,接受访谈的也是个非常优秀的成功人士。他在台上的表现略有些羞涩,在主持人向观众介绍他所取得的成就时,他表现得非常紧张,竟把桌上的咖啡杯碰倒了,咖啡还将主持人的裤子淋湿了。

在第三段录像中,接受主持人访谈的是个非常普通的人。整个采访过程中,他虽然不太紧张,但也没有什么吸引人的发言,一点也不出彩。

在第四段录像中,接受访谈的也是个很普通的人。在采访的过程中,他表现得非常紧张,和第二段录像中一样,他也把身边的咖啡杯弄倒了,淋湿了主持人的衣服。

当教授向他的测试对象放完这四段录像后,让他们从上面的这四个人中选出一位他们最喜欢的,选出一位他们最不喜欢的。

测试的结果是,最不受测试者们喜欢的当然是第四段录像中的那个人了,几乎所有的被测试者都选择了他,可出乎人们意料的是,被测试者们最喜欢的不是第一段录像中的那位成功人士,而是第二段录像中打翻了咖啡杯的那位,有95%的被测试者选择了他。

这一实验有力地告诉我们:有点缺点比完美无瑕更令人喜爱。对于那些非常优秀的人来说,一些微小的失误比如打翻咖啡杯这样的小意外,不仅不会影响人们对他的好感,相反,还会让人们感觉到他很真诚,值得信任。

这就不难理解为什么在朋友圈中,最有才华的人往往不是最受欢迎的人了。也就是说,我们每个人喜欢有才华的人都是有一定的限度的。当一个人的才华与我们相差很大,让我们感到遥不可及的时候,这种差距就会变成一种心理压力,促使我们敬而远之。因为与这些人交往总是衬托出我们自己的无能和平凡。而当人偶尔犯错误的时候,他的吸引力会增强,因为这使他更接近于普通人,与我们的距离拉近了。

为人处世中,要使别人对你放松警惕,产生亲近感,你需要巧妙地、不露

痕迹地在他人面前暴露某些无关痛痒的缺点，出点小洋相，表明自己并不是一个高高在上、十全十美的人物，这样就会使人在与你交往时松一口气，不以你为敌。

所谓“自我暴露”，就是把自己某些比较私人的方面显示给他人，或者把有关自我的内层信息传给对方，让别人最大限度地了解自己。在生活中，自我暴露是非常必要的，不善于暴露、不能恰如其分自我暴露弱点的人必然会遭遇各种各样的障碍。“自我暴露会让别人喜欢你”，美国社会心理学家西迪尼·朱亚德通过一系列实践得出了这个结论。

一次，有位记者在采访世界垒球王史蒂夫·加夫时，突然提问说：“你哭过吗？”这位记者在众目睽睽之下提这个问题，是很有点儿想探知对方更多内心隐秘的意思，但似乎也有点儿触犯个人隐私。那么，史蒂夫·加夫如何回答呢？他坦诚地回答说：“哭过，我觉得在某种场合掉眼泪更像个男子汉，因为这表现了你是个实实在在的人。”如此坦率地将自己的私人信息暴露于众，结果如何呢？观众们更加喜欢这个实实在在的球王了。

在职场，一定要有缺点，这样会使他人更愿意接近你。所以聪明人会故意暴露些缺点，尤其是无关痛痒的小缺点、小毛病，让人认为你有亲切感，反而会使人愿意和你进一步交往。

心机过重，会惹来他人的非议

通常，当某个人在为人处事方面很有心机时，我们就说这个人很有“城府”。城府是指令人难于揣测的深远用心。城府深浅标志着一个人在处理人际关系时的心机的多少。通常我们说一个人城府很深时，含有一种贬义，指这人有心机谋略，思想深邃，且不会随便吐露。

三国时，孙刘决心联合抗曹。诸葛亮受刘备委托，到东吴与大将周瑜共商计策。面对曹军的大兵压境，两人都不愿先说出抗曹之计，最后同时伸出一只手，手心同时写着一个“火”字，真可谓英雄所见略同，两人不禁相视大笑。诸葛亮和周瑜都城府颇深，不相上下。

人对事物的感悟、体察、了解，有时不愿说出来，在外人眼里，就表现为一种城府。城府深的人，往往对人世的变幻和世事的难测有较深的理解。城府是每个人都有的，只不过有的多一点，有的少一点罢了。做人要有城府的目的，不是用心机去算计别人，而是要用心机保护自己，以防被他人算计。一个心机过重的人，只要认为对自己有利就会毫无顾忌地对他人使手段。算计别人的人，肯定会被别人所算计。

提到城府深、老于世故的人，我们大多都能想起金庸的小说《笑傲江湖》中那表面温良、恭敬谦让的岳不群。他起初总给人谦谦君子的印象，可是尽管他费尽了心力，善于伪装，到了最后，却落了个众叛亲离、人人喊打的下场。与之前的君子形象形成强烈的反差，真是绝大的讽刺。

心机过重的人，是不诚实的，他们总是防着别人，所以总想用谎言来掩饰自己的本意。心机过重的人，会利用一切可利用的因素，向人们展示他的“坦荡”，而事实上他们总是怀有另一种目的和阴谋。心机过重的人是狡猾的，他们对任何事情都有着高明的手段，所以总是想牺牲他人的利益而成全自己。可是，尽管心机过重的人不缺少聪明，但是狐狸的尾巴总有露出的一天，他们迟早会被人戳穿假面目，不会有任何好下场。

做人不能没有心机，但心机过重恰恰是没有心机的表现。他们让人不愿意靠近，造成了人际关系的冷漠。

纪晓是某公司里的职员，他聪明过人，心眼活络，但很多人都说他这个人不好，太有心机，让人琢磨不透。为此，上级领导曾和他有过一番交谈，领导告诉他：人有些心机本身是好事情，问题在于你让别人都意识到了你的不真诚；而你原本的想法是达到一个好的目的，使自己成为一个让人喜欢、信任的人，但是显然你的目的没有达到，这就说明你的心机反而拖了你的

后腿。

纪晓仔细琢磨了领导的这番话，并改变了自己。他现在已经成为了一名优秀的公关经理，能妥当得体地处理各种关系。

做人需要城府，成熟的人懂得把握分寸，凡事总能恰到好处。但是，太过成熟了，也未必是件好事，譬如瓜果，熟过了头，味道也就变了。成熟是瓜熟蒂落，味醇而香甜；世故则是熟过头的瓜，变了味道，让人难以下咽。做人太过熟了，就会心机太重，城府太深，老谋深算，叫人捉摸不透，难以相处。

第18章 别打着“算盘”占全便宜，算来算去算失自己

天下没有免费的午餐，别总想着处处占便宜，这样做恐怕会使你失去更多宝贵的东西，不该自己享受的福分、从天而降的意外之财，很可能是某些人用来欺骗你的机关陷阱。我们如果不对此有所警戒，就难免上当受骗，落入这些诈术圈套中。认清诱惑，该舍弃的舍弃，该远离的远离，才会有真正的收获。

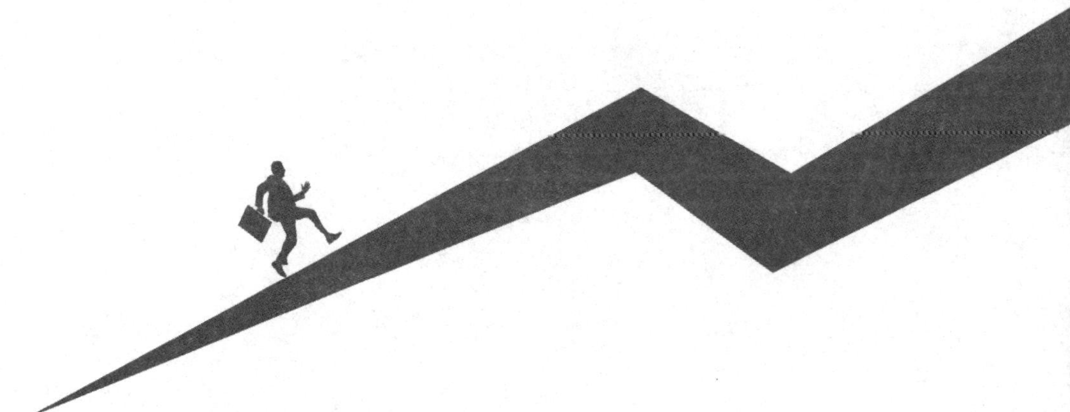

天上掉馅饼，不是圈套就是陷阱

有一句老话“天下没有免费的午餐”，话是直白了些，但道理深刻。

几百年前，一个老国王交给他最聪明的大臣一个任务：“你去给我编一本书，书中要包涵各时代的智慧，以传给我的子孙，让他们聪明起来。”

这个大臣接到任务之后，就带着一批人去编书了。他们花费了很长时间，整整编写了十二卷，几百万字。老国王看到他编好的书说：“我相信这是各时代的智慧结晶，但是它太厚了，我怕后人没有耐心将它看完，你最好把它浓缩一下。”

大臣又花费了不少时间，删掉了很多内容，最后将十二卷书精简到一卷。但是，国王还是认为有些长，又命令大臣去压缩。大臣无奈，把这卷书浓缩到了一篇文章。老国王还是觉得有些长。大臣不得不又进行浓缩，把一篇文章浓缩到一页，后来又把一页浓缩到一段，最终，浓缩成了一句话：天下没有免费的午餐！

老国王看到这句话，十分高兴：“各位爱卿，这可是各时代的智慧结晶啊！只要大家真正懂得了这句话，所有的问题都迎刃而解了。”

我们要牢牢记住，天上不会掉馅饼，世上没有免费的午餐。谁也不会把自己辛苦得到的东西白白送给你，送给你的就好像糖衣炮弹，蜜糖下包裹的可能是致命的毒药。

收下免费的午餐，就得收下伴随而来的诸多麻烦，这就叫“吃不了兜着走”。季大妈曾跟人讲过自己受骗的经历。一天，她走在繁华的马路上，突然看到路边不引人注目的角落里放着一个钱包。钱包的拉链敞开着一半，里面露出几张百元大钞。她顿时就动了心，上去把它拣了起来。她正想揣了钱离开时,旁边过来两个人警告她说:“这不是你的钱,我们刚才什么都看见了,要想不让我们告发你,就得分给我们一半!这样吧,现在你口袋里有多少钱,随便给点就行!”

季大妈一时心慌,想都没想,就把口袋里的上千元钱全部掏给了他们。等他们走远后,她越想越不对劲,重新把拣到的钱拿出来仔细一看,发现竟然全是假币!

在生活中,许多骗子给善良的人们上过昂贵的“人生课”,这些都是血泪经验。有些人就是利用人性中贪图非分之财的弱点来行骗的。一旦你有所企图,他们就会抓住你对财富的贪欲,让你主动跳进他们事先设计好的陷阱。

其实,很多人都有贪心的弱点,在警惕性不足的情况下很容易上当。要识别陷阱不容易,但要了解陷阱的本质却不难。陷阱是形形色色的,大都经过了设计,真真假假,让人不容易看出来。但制造陷阱却只有一个最高的原则,那就是“尽力伪装”。

免费的午餐会以各种形式出现,比如善意的面孔背后往往藏着非分的要求,比如送上门的好事,然而接下来却麻烦不断……洪峰前天上午正在上班,邮递员送来了一封特快,信封上用较大的字打印着单位的地址和他的姓名。打开一看,是一张来自香港某有限公司的兑奖卡。刮开兑奖区露出了“恭喜发财”的字样,他看了一下,竟然是一等奖。洪峰愣了一下,马上意识到,这是个骗局!

天下没有免费的午餐,不请自来的喜报说不定就是陷阱。千万不要有贪图便宜的心理,这样做恐怕会使你失去更多。

对此,《菜根谭》一针见血地指出:“非分之福,无故之获,非造物之钓耳,即人世之机阱。此处着眼不高,鲜不堕彼术中矣。”意思是:不该自己享受的福分、从天而降的意外之财,即使不是上天故意诱惑你的钓饵,也肯定是人间歹徒用来诈骗你的机关陷阱。为人处世如不在这些地方睁大眼睛,就很难逃过这些诈术圈套,很少有人不上当受骗的。

总之，虽然骗子的骗术千变万化，但万变不离其宗，只要牢记一句话，保你安全无险。这句话就是：天上掉馅饼，不是圈套就是陷阱！

和诱惑靠得太近，容易被“咬”伤

在现实生活中，人总会面临许多诱惑，之所以称为诱惑，是它对人具有巨大的吸引力，容易动摇人们的意志，使人们做出违背初衷的选择。诱惑常以多种多样的姿态出现，金钱、名誉、身份、地位、不能兑现的诺言等。诱惑都是美丽的，它也许是你饥饿时的一块大蛋糕，也许是大把的钞票，也许是梦寐以求的职位……

人在职场，有时就像遨游于水底觅食的鱼，不可避免地会面对各种诱饵。大多数的时候，我们并不是因为粗心而忽略了“饵”背后的钩，而是心怀太多的欲望与侥幸。这时，不要总是怀着如何不被钓到，又能吞食诱饵的侥幸，那样，危险和自己就只有一步之遥了。

梅里特兄弟从德国移民美国后，定居在密沙比。通过辛勤的工作，兄弟俩积攒了一笔钱。后来，他们不动声色地收购地产，顺利地成立了铁矿公司。

洛克菲勒早就对这个铁矿垂涎三尺，而当他准备动手时，梅里特兄弟的铁矿公司已经开始经营运转。他只好等待时机，试图得到这个铁矿。

1837 年，梅里特兄弟的铁矿公司陷入了经济危机的漩涡之中。在兄弟俩愁眉不展时，有位牧师来到他家。在闲聊中，梅里特兄弟不自觉地谈到了铁矿公司的危机。这位牧师说：“不用发愁，我是可以帮助你们的啊！”兄弟俩听了这话不禁喜出望外，对牧师说：“您有何高见？”牧师说：“我有一个朋友，看在我的面上，他可以支援你们需要的周转资金。”牧师很快就写了一封借款42万美元的介绍信，而且利率比银行低2厘。

兄弟俩简直不敢相信会有这样的好事降临在他们头上。牧师拿出笔墨立了一张借款字据："今有梅里特兄弟借到考尔贷款42万美元整，利息3厘，空口无凭，特立此为证。"梅里特兄弟粗略看了字据后，便高兴地签了字。

半年之后，这位牧师又来到梅里特兄弟家里，一进门，他就十分严肃地对兄弟俩说："我的朋友是洛克菲勒，他早上给我来了电报，要求马上收回那42万美元贷款。"

梅里特兄弟此刻哪来的42万美元偿还贷款呢，只好被逼上法庭。

原告律师说："借据写的是考尔贷款。考尔贷款是贷款人随时可收回的贷款，所以它的利息要比一般贷款低，根据美国法律，借款人或者立即还清所借款，或者宣布破产！"

在这种情况下，兄弟俩只好宣布破产，将产业出卖，买主当然是洛克菲勒。

贪图任何便宜都容易被便宜咬伤了手，咬伤了身心。在现实生活中，诸多的诱惑总是接踵而来，金钱、美色、权利让人心里奇痒难耐，在不经意间就被这些诱惑包围。如果不保持足够的警惕或克制力，很容易就中了某些人的圈套，任人宰割。

面对诸多诱惑，我们一定要学会摒弃。不要随意放纵自己，不要轻易向各种诱惑低头。在现实生活中，财富也好，欲望也罢，如果触及了我们做人的底线，就应该坚定地予以拒绝。只有清清白白地做人，才能行得正，坐得端，留下好名声，收获人生中真正的财富。

我国著名的戏剧演员舒绣文，既是事业上的成功者，也是清白做人的表率。一天，她的儿子小兆元没有买车票却乘了车。她知道后非常生气，严厉地批评儿子说："一张车票不是小事，发展下去会犯罪的。这样有损人格的事不能做，做人要清清白白。"当天晚上，她就带着儿子赶到汽车总站补了票，还做了自我检讨。这件事，使兆元受到了深刻的教育。

像舒绣文这样的清白做人者，对人会实实在在，不贪图别人的便宜，不图谋不该得到的利益。这样做不仅能修养品格，也会带来内心的安宁。清白做人首先要去除贪欲，手不长，心不贪，在诸多的诱惑面前把持住自己。

有一家大型超市要招聘两名采购员，几经考核筛选，进入到了最后一个环节。这一环节只有一道这样的题目：“假如你是一条小鱼，面前有一条带钩的蚯蚓，你能想出几种吃到蚯蚓而不被钓上的方法吗？”答案自然是五花八门。最后，超市聘用了李航。他的答案很简单：“远离带钩的蚯蚓，永远别和诱惑较真。”

我们有时会遇到别人对你甜言蜜语、给你种种好处的情况。甜言蜜语使人十分舒适，而种种好处更使人陶醉。然而，最甜蜜的言语，也许是最毒的药物。臣服于诱惑将给我们造成不幸与灾难。认清诱惑，经常性地进行自我盘点，和诱惑保持足够的安全距离才能让自己健康发展。

一时吃亏，长远来看却往往有利

安踏鞋业集团董事长丁志忠说过这样一句话：“你做每件事情，都要让别人占 51% 的好处，自己只要留 49% 就可以了，长此以往，可以赢得他人的信任。”有所成就者不惮吃亏，他们让自己在吃亏中不断成长和成熟起来，并变得更加睿智。

吃亏，不是什么好事，但吃亏带来的后果，却不一定是坏事。“吃亏是福”道出的是一种潇洒的生活态度，敢于吃亏也是一种做人的方法。做人的可贵之处是乐于退让，用争夺的方法，你永远得不到满足；但是如果用让步的方法，你可以得到更多。事实就是如此，自己主动吃点亏，往往能把棘手的事情做好，能把很难处理的问题顺利解决。虽然自己吃了点亏，但会因此获取别人的好感，赢得好人缘，以后发展的道路也将被拓宽。所以说，吃亏并不是真的吃亏，这是对人们心理上的一种隐性投资。

吃亏并非是损失。人都有趋利的本性，你吃点儿亏，让别人得利，就能最大限度地调动别人的积极性，使你的事业兴旺发达。聪明人一般不计较眼下的区区得失，而是把眼光放长远。虽然他们的好多行为让别人看起来都是没有意义的，甚至很吃亏。但是他们心里清楚，自己的努力肯定在将来会得到巨大的利益回报。

其实，越是不肯吃亏的人，越有可能吃亏，不但吃亏，而且往往还会吃大亏。唯有不计较吃亏的人，才会有真正的收获。我们不妨以一则形象的比喻来说明这个道理：桃子成熟后，毫不吝惜地将果实暴露在外面，任人随意享用，因此人们在食用它之后，会把果核种入土中，使其生生不息。栗子却相反，它吝啬地将果实深深地藏在壳内，好像竭力在自保一般，但人们还是设法剖开它的壳，吃到它的果实，然后毫不在意地抛弃了果壳，因此栗子无法生根发芽、得到绵延子孙的机会。相比之下，对于得失的态度，桃子无疑聪明得多。

吃亏，虽然意味着舍弃和牺牲，但却是一种高尚的品质、一种做人的风度。身在职场，在与人合作时，我们需要有点吃亏的精神。其实一位新人刚到一家单位，是不会负责太重要的工作的。如何让他人对你的工作能力产生信心呢？这完全体现在你的工作态度上。即便暂时从事的是一些扫地、打水这样的工作，也应该认认真真地将其做好，自己主动吃点亏，其实就是在给你以后积蓄成功的资本。

也许，短期内看来你是吃亏了，但你最终却能够收获更多。如果你什么事情都不肯吃亏，总爱斤斤计较、占便宜没完没了的话，就不会有人愿意与你共事、合作，你就会因为自己的斤斤计较丧失许多机遇；而一个懂得主动吃亏的人，往往会在吃亏中收获“厚积薄发”的资本。

主动吃亏的人会为自己减少很多职场中的阻力，使自己的路越走越宽。吃亏是福，这是一种人生的境界，更是一种做人的智慧，你的幸福之门将会在不断的吃亏中得到开启。

妄求完美，往往得不偿失

在现实生活中，许多人容易一味追求完美，他们的初衷总是美好的，但是，如果不切实际地一味追求下去，最终往往只会自讨苦吃。适度追求完美无可厚非，但过度的完美主义却会弄巧成拙，让人焦虑沮丧而又难有收获。

心理学专家指出，“完美主义是一种流行病”。完美主义者容易跟周围的人过不去。耶鲁大学的心理学教授高兰·沙哈认为，完美主义者通常先入为主地觉得自己比别人更能干，因此对人际交往感到厌倦，对他人和社会容易挑剔、仇视甚至攻击。

哈佛大学的毕业生柯维致力于心理学的研究，他曾接待过一位 18 岁的名叫卢安的高中生。卢安是个标准的全优生，踏进校门以来就一直如此。他每天花大量的时间拼命读书、学习，因而没有时间过自己的生活。卢安长到这么大还从未同女孩子拉过手，更别说约会了。他养成了一种神经性抽搐的习惯，每当别人谈及他性格的这一方面，他的面部就会抽搐。卢安一心想做一个最优秀的学生，并因此而忽略了个人生活。尽管他是个出类拔萃的优等生，但他却缺乏内心的安宁，而且实际上非常不幸福。在就诊之后，他开始意识到自己的问题。一年之后，他基本上克服了完美主义倾向。

许多人都希望自己能拥有一个完美的人生。这种美好的愿望本来无可厚非，但过分苛求完美，就会更多地关注到自己与完美之间的差距，对自己的评判就容易失去全面性而变得主观，容易忽略自己的优点。所以，我们不要让完美主义妨碍自己，应试着将“力求完美”改成“尽力做好”。

人们追求完美的心态似乎无止境，然而，人生却总是有缺憾的。阿拉伯人说得形象：“世上没有不生杂草的花园。”说到底，人的一生不可能是完美的,也不可能拥有一切,在无法改变现状的时候,就应该用心去包容。下面是英国大作家萧伯纳写给年轻人的一封信,相信你读过之后,一定会受到启发……

你的来信收到了,你在信中说有三个小伙子在追求你,可能有一个将来能成为你的丈夫,也可能这三个人你都不选择。你在信中说你希望将来的爱人更优秀更出色,这是情理之中的。可一个非常优秀的人也往往有非常明显的缺点,那是由一个人的学历、经历、阅历所决定的。那种只有优点没有缺点的人是不存在的。

如果你留心一下,我们周围那些大龄未婚女子大多是优秀的女人。她们中只有很少一部分是真正想独身的,而大多数人只是没有找到自己心目中的白马王子,而不肯随便嫁一个人罢了。她们在按照自己心中的理想苦苦地寻觅着白马王子,可多年以后依然一无所获。

其实,不是这个世上没有好男子,而是这个世上没有被重新组合起来而没有任何缺点的男子。她们的悲剧不在于自己追求爱情与婚姻的完美,问题是,你追求的完美应该是世上存在的,现实生活中能寻找得到的……

萧伯纳这封简短的信,让我们知道了这样一个道理:在现实生活中没有十全十美的人,如果我们一味地追求完美,那么到头来只能是虚度年华。比较现实的做法是,找一个你认为比较适合自己的人与之相伴,尽管他或她可能有这样或那样的缺点。

难道不是这样吗?恋爱时,挑了又挑,个头、长相、学历、家庭、财产……总幻想着能找个最完美的人,偏偏可能就在挑选和等待的时间里耽误了自己。结了婚,又开始新的一轮完美追求;生了孩子,将他以天才的标准打造,让孩子从小学钢琴、学绘画、学外语……要上最好的小学、最好的中学、名牌的大学,将来还要出国留学……但这一切可能都完美无缺地出现在孩子的面前吗?将弦绷紧在自己和孩子的身上,万一出现的不是理想的结局,心理能承受得住吗?多少人就是由于不知道及时而适当地调整自己的心态,心理在一瞬间轻易地崩溃了,一辈子就这样在完美的误导下非常不完美地毁

灭了。

从完美主义的梦中醒来吧。追求完美固然是一种积极的人生态度，但如果过分追求完美，往往会得不偿失。完美主义是个漂亮的陷阱。追求完美能使你获得巨大的成就感，虚荣心也得到了极大满足，整日沾沾自喜；但也许会有一天，这个陷阱会悄无声息地吞没你！

勇于舍弃者精明，善于舍弃者高明

在我们的现实生活中，需要有一种放弃的清醒。在物欲横流、灯红酒绿的今天，摆在每个人面前的诱惑实在太多，这就需要保持清醒的头脑，勇于放弃。如果抓住想要的东西不放，甚至贪得无厌，就会带来无尽的压力、痛苦和不安，甚至毁灭自己。

因为放不下到手的职务、待遇，有些人整天东奔西跑，耽误了更远大的前途；因为放不下诱人的钱财，有人费尽心思，利用各种机会去大捞一把，结果常常作茧自缚；因为放不下对权力的占有欲，有些人行贿受贿，不惜丢掉人格的尊严，一旦事情败露，后悔莫及……贪婪是大多数人的毛病，然而，往往什么都不愿舍弃的人，结果却什么也没有得到。

舍弃是一种理智的行为。舍弃是痛苦的，但不舍弃结果更惨。被夹住的狼，会咬断自己的腿。它明白，再等下去，自己的肉会被煮在锅里。于是，它果断地舍弃一条腿。舍弃是生存的智慧，也是勇敢者的行为。成功的人都是那些善于取舍的人。

人生是复杂的，有时又很简单，甚至简单到只有取得和放弃。应该取得的完全可以理直气壮，不该取得的则当毅然放弃。取得往往容易心地坦然，而舍弃则需要巨大的勇气。

做人要量力而行,更要学会放弃。主动放弃是一种智者的态度,也是一种生活的艺术。有所放弃才能有所选择,要获取必须先放弃。在人生的十字路口,执着是一种美丽;放弃,有时也是一种美丽。

善于舍弃,体现着当断则断的勇气,包含着审时度势的智慧,反映着一个人的素质和能力。为了事业的成功,我们可以放弃消遣娱乐;为了纯真的情感,我们可以放弃金钱的诱惑;为了正义的真理,我们可以放弃利禄功名,乃至生命。放弃失落带来的痛楚,放弃心中所有难言的负荷,放弃对权力的角逐,放弃对金钱的贪欲,放弃烦恼,摆脱纠缠,使整个身心沉浸到轻松、宁静中去。于是,没有了那些人生的附庸与累赘,保留在我们生命中的就是那最有价值、最必要、最纯粹的部分。

勇于舍弃者精明,善于舍弃者高明。学会舍弃吧,摒弃那些多余的东西,不要让自己迷失方向,贪婪地占有只会耗用大量的时间和精力,而这些时间和精力本来可以用于我们真正希望去做的事情。学会放弃才能轻装上阵,安然地等待生活的转机;懂得放弃,才能拥有一份成熟,才会活得更加充实、坦然和轻松。

人之所以会有许多痛苦,是因为不懂得放弃。当拥有了放弃的勇气和智慧时,人生就会豁然开朗,就会向你展现出另外一番截然不同的景致。

第19章 别揭人伤疤戳人痛处，嘲讽他人曝短自己

在生活中，有些人总是喜欢嘲笑别人，随意贬低别人。那些时时置他人于不顾，甚至以贬低他人来抬高自己的人，最终结果只会事与愿违。所以，在人际交往中，不妨用自嘲来对付窘境，化解尴尬、维护他人尊严。在交际中，当你准备指出别人的过错时，最好能把指责变为商量。当着有短处的人，要学会说“长话”。这样，人际关系才会和谐温馨。

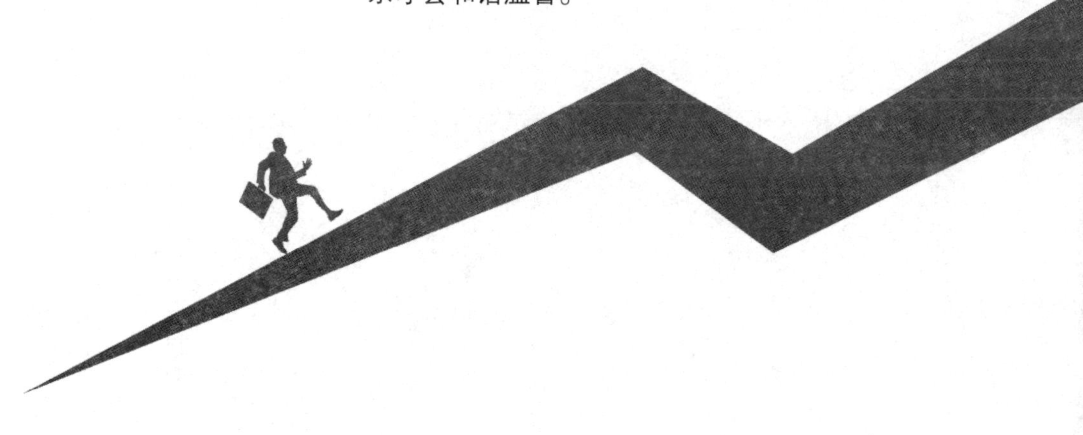

嘲笑别人，反而更显得自己浅薄

在生活中，有些人总是喜欢嘲笑别人，随意贬低别人，觉得别人什么都不好。其实，贬低嘲笑别人的程度越厉害说明其内心越虚荣、越自卑。越自卑的人往往嘴巴上越厉害，为了防止别人说自己，所以自己先说了，让别人无从下口。

为了引起别人的注意和重视，一味贬低别人，只会让人心生厌恶。所以，在与人交往的过程中，要善于表现自己，但别用贬低别人的方法来抬高自己。

肖云结婚几个月了。她一直觉得丈夫各方面都十分优秀，只是爱嘲笑人。丈夫开车的时候，如果前面的车启动稍微慢点，他就会说人家“愚蠢”。一天，他去理财顾问那里办理业务，咨询的时候他跟理财顾问说：“我可不想被麦道夫类似的人骗啊。”他开户的银行是一家特别大的银行，不存在麦道夫骗局的问题。他后来跟肖云说，他其实也不是这个意思，但是理财顾问的脸色马上就不好了。

肖云说，她丈夫是那种喜欢嘲笑别人、贬低别人的人。尤其是如果有人在他面前说谁谁比较优秀，他一定会嘲笑说，谁谁其实有某种缺点。丈夫说自己中学大学的时候就喜欢嘲笑学习不好的同学。

肖云觉得丈夫愿意跟她说关于这方面的想法，应该是想有所转变，于是就引导他说，下次碰到这种情况，你可以说“过去两年这个基金收益率虽然不错，但是我的心理素质好，可以承担更多风险，我想持有高风险高收益的基金，你有什么推荐的品种吗？”

在肖云的引导下，她的丈夫有所改变，学会说话之前过大脑，不再轻率地去冒犯别人了。

我们在社交中适当表现自己是可以的,但是不可自负清高、贬低别人。有些人总认为自己高人一等,事事比别人强。于是,他们就总喜欢把得意挂在脸上,无所顾忌地嘲笑别人,完全不顾及别人的感受,总以为这样就能得到别人的敬佩与欣赏。而事实上,这样做的效果往往适得其反。在人际交往中,一言一行都要考虑对方的感受,学会安抚对方的心灵,不可以由于自己的原因使对方心理失去平衡,给对方造成伤害。

美国著名作家杰奎琳·苏珊所写的《恋爱机器》在一段时间里,曾与菲利浦·罗斯的《波特诺伊的抱怨》一书竞争过。有人曾经问苏珊对罗斯的看法。苏珊回答说:"他是一个非常优秀的作家,但我不想谈他的作品。"她这样的回答是得体的。人有一定的表现欲是无可厚非的,但那些时时、处处、事事都想出头露面,置他人于不顾,甚至以贬低他人来抬高自己的人,最终不但不能抬高自己,反而会让人看低。

在社交中,要防止大谈自己的得意之事,过分突出自己,切勿使其他人心理失衡,产生不快,以至于影响了相互之间的关系。随意自夸、口无遮拦几乎是骄傲自满者的通病。这种致命的弱点不仅暴露了自己的内心情感和意图,而且会使很多人心怀不满或恼恨不已。试想,如果别人的不舒坦是因你而起的,你还会得到好处吗?

一般来说,他人听你谈论了你的得意后,会觉得自己受到了讽刺,他们普遍会有一种恼恨心理。这是一种藏在心底深处的对你的不满。你说得口沫横飞,却不知不觉已在对方心中埋下了一颗仇恨的种子。他人对你的怀恨会通过各种方式来表露,例如说你坏话,扯你后腿、故意与你为敌,而最明显的则是疏远你,避免和你碰面,于是你不知不觉就失去了一个朋友。

然而,表现自己是人的天性。不当众说话是不可能的,但同样是说话,不妨说得艺术一点。至少在未弄懂别人的意思之前,自己先不要开口。聪明的人总先促使对方发表得意之事,并给予衷心的赞赏,然后再若无其事地穿插自己的得意之事,这样效果就会好得多。

善良点，巧用自嘲化解对方的尴尬

在人际交往中，在人前出丑、处境尴尬时，不妨用自嘲来对付窘境，这样不但能很容易找到台阶，而且还会产生幽默的效果。所谓自嘲，指以自我嘲弄的形式，自贬自抑，堵住别人的嘴巴，摆脱窘境，从而争取主动的一种说话谋略。自嘲时，自暴其短显示了一个人的大度和坦诚。勇于暴露自己的问题，揭露自己的短处，这样的人往往被人视为可信的人。适时适度地自嘲，不失为一种良好的修养，一种充满魅力的交际技巧。

自嘲，能制造宽松和谐的交谈气氛，有时还能更有效地维护自身，建立起新的心理平衡。自嘲时对着自己的某个缺点猛烈开火容易妙趣横生。在社交中，自嘲作为一种工具，自有独特的功效。善于自嘲的人总能受到别人的欢迎。

著名国学大师启功的谦和与幽默是为人称道的，他的自我解嘲常常令人忍俊不禁。

1995 年的一天，十几位学者会聚北师大讨论启老的新著《汉语现象论丛》，大家对这部别开生面的著作给予了高度评价。讨论结束前，一直正襟危坐、凝神倾听的启老站起来，表情认真地说："我有个内侄，他小时候和同学一块上家里来玩。有时我嫌他们闹，就跟他们说，你们出去玩吧，乖，啊？如此几次，终于有一天，我听见他俩出去，那个孩子边下楼边不解地问：'叔叔老说我们乖，我们哪儿乖啊？'今天上午听了各位的发言，给我的感受就像那孩子，我不禁要自问一声：'我哪儿乖啊？'"原本静静的会场里立刻伴随着轻松的欢笑，响起了热烈的掌声。

启功的一番话真是绝妙无比。他用一则故事传达了谦虚，暗含了感谢，体现出风趣和幽默。善于自嘲的人,自己也能乐在其中。

在生活中,我们不可避免地会遇到一些尴尬的情况。此时,如果能恰当地运用自嘲,就能帮你走出尴尬,在笑声中展现出你非凡的智慧和人格魅力。

1. 巧妙推脱应酬

他人有事求你帮忙,由于种种原因你帮不上忙。这时,如果运用自嘲的语言,就既能表达自己的拒绝意图,又不至于伤了你们之间的感情。

一天,和林肯关系非常要好的一位报界友人,邀请林肯到一个编辑大会上发言。林肯对编辑工作一无所知,但是又不好直接拒绝友人,于是就给他讲了一个故事:"一天,我在森林里遇到一个骑马的妇女,我停下来让路,她也停下来目不转睛地盯着我看。她说:'我现在才相信你是我见过的最丑的人。'我说:'您大概讲对了,可是我又有什么办法呢?'她说:'你这副丑相是天生的,但你可以待在家里不出来呀!'"友人被林肯幽默的自嘲逗笑了,同时也明白了林肯的意思,于是就不再勉为其难。

2. 从容应对尴尬

在社交场合中,往往会遇到令人尴尬的处境,怎样才能做到遇事不惊,从狼狈难堪的境地中解脱出来呢?运用急中生智的"自嘲"是最好的方法。此时,如果你能巧妙运用自嘲,就能化解尴尬,体面地脱身。

一天,空军军官俱乐部举行盛大的招待宴会,主宾是著名的乌戴特将军。敬酒时,一位年轻的士兵不小心将啤酒洒到了乌戴特将军光亮的秃头上,士兵显得害怕极了,全场的人也都目瞪口呆,宴会厅鸦雀无声。这时,乌戴特将军没有发怒也没有生气,而是微笑着对颤抖的士兵说:"老弟,你以为这种治疗方法会有效吗?"在场的人闻声大笑,尴尬局面即刻被打破了。乌戴特将军借助自嘲,既展示了自己的宽广胸怀,又帮助别人化解了尴尬,摆脱了窘境。

3. 帮你缓和气氛

在生活中,人们之间难免会产生矛盾、摩擦,这时候如果两人针锋相对,

互不相让，就容易使冲突升级。此时，运用“自嘲”既能化解矛盾，避免冲突升级，又能显示出你的修养和大度。

在日常交际中，当我们学会了灵活运用自嘲时，也就掌握了化解尴尬、增进情谊和制造欢乐的一种有效方法。

当着“矮子”，不说“短话”

俗话说，当着“矮子”，不说“短话”。每个人都会有忌讳、短处，这也许是生理上的缺陷，也许是隐藏在内心的不堪回首的经历。我们切不可拿对方的忌讳来开玩笑，就算为自己的利益着想，也不应去触痛别人的疮疤。因为对任何人来说，被击中痛处，都会引起不快。

史书记载：明太祖朱元璋曾当过红巾军，被官家称作“红巾贼”。所以，朱元璋对“贼”字和与“贼”同音的“则”字最敏感，也最忌讳。一次，大臣赵伯宁的一篇文章中有“垂子孙而作则”一句话。这本来是吹捧朱元璋的谄词，无非说他可做后世的楷模。不料朱元璋因对“则”字过敏，见到“则”字，便以为别人在骂他为“贼”，于是竟把此人杀掉了。自然，朱元璋的所作所为有些过于敏感，但是它所留下的教训却是深远的。

人们对于自己的忌讳，通常都极为敏感，正所谓“说者无心，听者有意”。如果在交谈中不了解、不尊重对方，有意无意触动了一些缺憾、隐私、伤疤之类，轻则会使交谈话不投机，不欢而散；重则会令对方动怒变脸，甚至招致祸害。

人们之所以有忌讳，怕别人揭自己的短处，说到底是自尊心问题，怕脸面上过不去。所以，你如果想获得朋友，就一定不要触动他们的忌讳之处。说话要给人留面子，不要揭人的短处，免得他由多心而伤心，继而对你失去好感。

美莲长得很胖，吃了很多的减肥药也不见效，心里很苦恼，她最怕有人说她胖。有一天，她的同事小娜对她说："你吃了什么呀，像气儿吹的似的，才几天工夫，又胖了一圈儿。"美莲立马恼羞成怒："我胖碍着你什么了？不吃你，不喝你，你真是多管闲事呀！"小娜不由闹了个大红脸。

在这个事例中，小娜明知对方的短处，却还要把话题往上赶，犯了对方的忌讳，引起对方的憎恶也就是很自然的了。

人们对于自己的忌讳，通常极为敏感。由于心理作怪，往往把别人的无意当成有意，把无关的事主动与自己相联系。有时，你随口谈一点什么事，也很可能被视为对他的挖苦和讽刺。因此，我们不仅应避免谈论别人的忌讳之事，同时也应注意不要提及与其忌讳之事相关联的事物，以免造成对方的误会，致使他的自尊心受到无谓的伤害。那么，该怎样避讳呢？

1. 深入了解交往对象的长短处

深入了解你所交往的对象，无论优缺点都要做到心中有数，才能谨慎地避开对方的忌讳，以免触痛对方。慎言相避的关键是在得意时切忌自我吹嘘。自我吹嘘，很可能会无意中犯忌。

2. 婉词相代，不使人过于难堪

有时无法避开交谈对象的忌讳，则不妨以婉词相代，尽量不使人过于难堪。例如，小李因择偶屡屡受挫而灰心丧气，而你有意为他牵线搭桥。"假如你还没有找到对象，我想为你介绍。"如此直言相告必定犯其忌讳，令对方不高兴。"假如您对个人问题还没有考虑成熟，我愿意提供一位较合适的人选，您意下如何？"这样以婉词相代，给对方有"主动权在我手中"之感，自尊心得到充分尊重，有关介绍对象的交谈就能顺利进行。

3. 用巧妙的语言岔开话题

说话再谨慎的人也难免有冒犯别人忌讳之时。如果突然发觉因自己失言而冒犯了别人，该怎么办？这时，切忌慌乱之中做说明，因为愈想说明，结果必定越说越不明，弄巧成拙。最明智的方法是用巧妙的语言岔开话题，使

双方及时从困境中解脱出来。

总之，在别人面前不妨多说些好听话，尤其是当着那些有短处的人，更要专门找“长话”来说，毫不吝啬地赞扬对方的长处和优点，巧解对方的心结。这样，谈话才会投机，人际关系才会和谐融洽。

点破别人的错误时要抱有同情心

当别人有了某种失误，我们点破别人的错误时要抱有同情心。这里的同情不是同情他人的错误，而是要考虑对方得知错误后的心情，只有这样的批评才不会置对方的心理感受于不顾。也就是说，你在点破别人的错误时一定要注意维护对方的脸面，保护他的尊严。

心理学家研究表明，谁都不愿把自己的错处或隐私在公众面前曝光，一旦被人曝光，就会感到难堪或恼怒。过分直率地指出对方的错误，等于剥夺了对方的尊严，撕破了对方的脸面，这样，即使你的意见再好再有用，也难以让它发挥出“效益”来。因此，只有对方认识到你是站在他的立场上点破他时，才会接受你的批评并对你表示感谢。

有一个领导找下属谈话：“今天我们就这个问题做一些探讨。”“我觉得在这一点上你的做法似乎有些不妥。”这儿强调的是某一局部环节，而不是一览无余地推及全部，口气中带有商量、劝慰的味道。这样的批评容易让人接受，从而起到促使其正视问题、改正错误的作用。

但如果这样说：“我看你这辈子是不会好了！”“你真是屡教不改啊！”这可能是出于无奈，恨铁不成钢。但对听者来说，无疑是一种宣判，是很难让人从心底里接受的，自然也起不到批评的积极作用。因此，在批评别人的时候，一定要给他留有余地，否则会适得其反。

批评他人时，不能不顾被批评对象的感受。那种不管别人出了什么差错，都要当着众人的面给予指正的做法，除了造成被批评者的心理抵触之外，根本无助于问题的解决。因此，在指出别人错误的时候，也应该做得高明一些。你可以用若无其事的方式提醒别人，这将会收到神奇的效果。

人际关系大师戴尔·卡耐基认为，在与别人相处时，应该学会尊重别人，尽量减少对别人的伤害。积几十年研究和体验之精华，卡耐基向世人展示了在与人相处时避免伤害的艺术。

卡耐基简述了他与侄女之间的相处经历。高中毕业三年后，他的侄女、19岁的约瑟芬来到纽约担任卡耐基的秘书。在刚开始工作的时候，她的做事经验几乎等于零，身上还存在许多不足。有一天，卡耐基正想开始批评她，但马上又对自己说，等一等，卡耐基。你的年纪比约瑟芬大了一倍，你怎么可能希望她有与你一样的观点、一样的判断力？还有，你19岁时又在干什么呢？还记得你那些愚蠢的错误和举动吗？

经过诚实而公正地把这些事情仔细想过一遍之后，卡耐基得出了结论，约瑟芬十九岁时的行为比他当年好多了，而且他很惭愧地承认，他并没有经常称赞约瑟芬。

从那次以后，每当卡耐基想指出约瑟芬的错误时，他总是说："约瑟芬，你犯了一个错误，但上帝知道，我所犯的许多错误比你更糟糕。你当然不能天生就万事精通，成功只有从经验中才能获得，而且你比我年轻时强多了。我自己曾做过那么多愚蠢的傻事，所以我根本不想批评你或任何人。但难道你不认为，如果你这样做的话，不是比较聪明一点吗？"

约瑟芬诚心接受了卡耐基的批评，并不断改进自己。后来，她成为了西半球最完美的秘书之一。

批评之前，要尽量先创造一个尽可能和谐的气氛。做错事的一方，很可能会产生不自主的抵触情绪。即使他表面上接受，内心却不见得赞同。所以，不妨先从自我批评开始，让他放松下来，然后再开始你的批评，这样才能收到比较好的效果。

卡耐基说得好："如果经过一两分钟的思考，说一句或两句体谅的话，对他人表示出宽容的态度，都可以减少对别人的伤害，保住他人的面子。"因此，当你要批评他人时，请事先冷静地想一想，采用什么样的方法，既能达到指出他人过失、使当事者受到教育的效果，又不会让他丢了面子，伤了自尊。

大多数的批评者，往往是把重点放在指出对方的错误上，但是却不能明确地说明对的方法是什么。有人批评别人："你这样做真是太蠢了！"对方听了这样的话，只会觉得不服和反感。但是如果你在指出对方的失误以后，再谦虚地提出建议，效果就截然不同了。

从某个角度来说，批评的目的在于使被批评者觉悟，从而纠正自己的行为。批评人不能把人看死、不能把话说偏。正确的批评方法是，批评时注意把握分寸，措辞严厉但不过头，给被批评者留有改正错误的机会。

适可而止，玩笑不能伤人自尊

有人说：玩笑是生活中的清醒剂和润滑剂，因为有了玩笑，生活才变得有趣和生动。在工作场合，同事之间相互开个善意的、恰当的玩笑，可以调节、活跃气氛，缓解紧张工作带来的压力，增进彼此间的感情。但开玩笑一定要把握好分寸，不能太过火。否则，会引出许多的麻烦，会使原本牢固的友谊顷刻破裂。

一次老同学聚会，大家见面分外亲热，聊得十分高兴。这时，江浦对一位女士信口开河地说："你当初可是主动追求我的，现在还想我吗？"按理说，在老友重逢的气氛中，这些话虽然有些不妥，但也无伤大雅。但这位女士当时心情不好，竟然脸色一变，气呼呼地说："你神经病！谁会追求你这种心理龌龊的人。"她的声音很大，在场的人听了都觉得很尴尬，场面一下子冷下来。这时,另一位女士站了起来,笑着说:“我们小妹的脾气还没变啊,她喜欢谁,就说谁是神经病,说得越厉害越让人受不了,就表明她越喜欢。小妹我说得对吧?”一番话,让大家都想起了大学时的美好生活,不由得七嘴八舌,互相开起玩笑来,一场风波也就平息了。

开玩笑原本是一件好事,恰到好处的玩笑可以让大家开怀一笑,拉近人们彼此之间的距离。但如果把握不好开玩笑的分寸,就会适得其反。即使是偶然来个玩笑,也不能随便乱开,应注意以下的问题:

1. 有些人不能开玩笑

每个人的性格都是不一样的,有些人喜欢开玩笑,你越是跟他开玩笑,他越是觉得你把他当朋友。和这样的人可以适当开开玩笑。有些人正好相反,天生严肃认真不苟言笑,你稍微说得过了一点他就当真,所以,你最好不要和他开什么玩笑,万一他没笑,反而较真起来就麻烦了。

2. 把握好玩笑的内容

不能拿人的缺点开玩笑。不要以为你很熟悉对方,就可以随意取笑对方的缺点,揭人伤疤。那样就会伤及对方的人格、尊严,违背开玩笑的初衷。在生活中不是对任何事或任何人都可以开玩笑的。凡有损他人形象、取笑他人生理缺陷、侵犯他人隐私的玩笑都是错误的,是不应该开的。所以,开玩笑也要稍微了解对方,玩笑一旦变为冒犯,即使是无意的也不好。

3. 分清楚时机和场合

在开玩笑时一定要注意场合,要清楚自己到底该不该说,如果拿不准,最好还是别说。有些人平时很爱开玩笑,但是在特定的时候,比如说生活上、工作上、感情上遇到了挫折时,你这个时候和人开玩笑,会使其恼火。还有一些场合本身就不适于开玩笑,比如庄重严肃的场合。还有某些特定的时期,比如发生大的灾难,大家心情都很沉痛,也不适合开玩笑。

4. 要选准开玩笑的对象

开玩笑得考虑双方的身份地位以及亲疏关系。开玩笑一般宜在平辈、同级、熟悉者之间进行。与异性、长辈、领导或初交者相处时,最好别开玩

笑，否则容易得罪人，使自己陷入窘境。

总之，在开玩笑之前，一定要设身处地地考虑一下对方的感受。如果你肯定对方会和你一样开心，不妨说出来大家一起分享快乐；如果你认为对方会生气或者伤心，还是免开尊口的好。这样，大家才能笑口常开。

第 20 章
别见风使舵没有立场，墙头草最先被拔掉

每一个成熟的人，遇事都应坚持自己的主见。没有主见的人，仿佛墙头草，风吹两边倒，容易在随波逐流中迷失方向。遇事只知一味地顺从别人的人，缺乏自信，难成大事。而见风使舵，巧言令色，更会为人所不齿。这都是人际交往中的大忌，处理不好会阻碍自己的成长和发展，对此，我们应有所警戒。

做人要不失本色，不盲目迎合

一个人只要踏进社会的门槛，就被赋予了许多角色：儿女、父母、学生、教师、领导、下属……虽然人的社会角色可以不断变换，但是，每个人的个性和独立人格是不会也不能变的。

曾有一头毛驴和一只哈巴狗住在一起。毛驴虽然也能吃饱，却每天都要被主人牵去拉磨、驮木材，工作很繁重。而哈巴狗会演许多小把戏，很得主人欢心，每次都能得到好吃的做奖励。毛驴在工作之余，难免有怨言，总抱怨命运对自己不公平。毛驴开始想当哈巴狗。

一天，机会终于来了，哈巴狗不在，毛驴挣断缰绳，跑进主人的房间，学哈巴狗那样围着主人跳舞，又蹬又踢，撞翻了桌子，把碗碟摔得粉碎。表演完毕，驴子正等着奖赏呢，没想到反而挨了主人一顿痛打，被重新关进了栏里。

无论驴子多么忸怩作态，都不及小狗可爱，甚至不如从前的自己。其实，每个人都有各自的特点，既有适合自己的工作，也有不适合自己的工作。看人家做得好，但你未必能行，与其挖空心思地学别人，还不如专心致志尽好本分，让别人来羡慕你。

卓别林刚踏入影视圈时，曾被导演要求模仿当时的著名影星，结果他毫无进展，直到他开始发挥自己的特色，才渐渐成功。当玛丽·马克布莱德第一次上电台时，她总想模仿一位爱尔兰的明星，效果也不尽如人意。直到她以一位密苏里州乡村姑娘的本色面目出现时，才成为走红的播音员。

世界上没有两片完全相同的树叶，人也一样，每个人都是上天的宠儿，会展示自己的人懂得保持本色。他们明白，内在的气质是最宝贵的。他们绝不会放弃自己，盲目地迎合、随从别人。这样的人具有独特的个性，对自己的“真我”很有信心，并且崇尚诚实、坦白，希望以最真实的方式和别人进行交流。

山姆·伍德说得好：“你不可能变成一只猩猩，也不可能变成一只鹦鹉。如果你有想成为另一个人的念头时，最好马上抛弃它，即使你此刻站在一枚针尖上。如果你有属于自己的选择，照样可以找到使自己一举成名的位置。”

无论好坏，人都要保持自己的本色，本色是难得之美。当我们与自己内心和谐一致的时候，我们觉得自己是真实的。真实就像循环的能量一样帮助我们充满活力，发挥出能力。是的，只要你能勇敢地做自己，就会不断地成长。

没有主见，就容易随波逐流

每一个成熟的人，遇事都会有自己的主见，坚持自己的观点不动摇。而没有主见的人，容易随波逐流，迷失自己的方向。做人没有主见，有时就表现为一味地迁就、顺从别人。这表面看来是和善之举，但实际上却是软弱的表现。人生是属于自己的，一味遵循他人的思想、按别人的指令行事，是懦弱的表现，也是一种悲哀。这样的人很难有属于自己的路，也很难创造出属于自己的价值。软弱到一定程度就会逐渐失去自信，而没有自信的人很容易被轻视或淘汰。

美国前总统里根小时候去鞋店做鞋，鞋匠问他想要方头鞋还是圆头鞋。里根拿不准主意，一时回答不上来。于是，鞋匠叫他回去考虑清楚后再来告诉自己。过了几天，这位鞋匠在街上碰见里根，又问起鞋的事情。里根仍然犹豫不决，最后鞋匠对他说："好吧，我知道该怎么做了。两天后你来取新鞋。"

去店里取鞋的时候，里根发现鞋匠给自己做的鞋一只是方头的，另一只是圆头的。他疑惑地问："这是怎么回事儿?""我见你一直拿不定主意，最后就替你做决定啦！这是给你一个教训，不要让人家来替你做决定。"鞋匠回答说。

里根后来回忆起这段往事时说："那件事之后，我认识到，自己的事自己一定要拿准主意。如果犹豫不决，任由别人做决定，到时后悔的是自己。"

的确，自己不进行独立思考，凡事按照别人的意见去办，最后只能自己承担苦果。一个毫无主见的人只能接受被人欺骗的命运。有主见的人对自己充满信心，既不自满，也不妄自菲薄。他们不会过分在意别人对自己的看法，让别人成为自己生活的主宰，而是会把命运掌握在自己的手里。

女孩玛格丽特从小被父母严格要求，只有在特定的时间才允许去玩。一天，玛格丽特委屈地问父亲艾尔弗雷德："爸爸，为什么我不能像别的孩子一样经常玩耍呢?"父亲听到她这个突如其来的问题，解释说："孩子，你做事情必须有自己的主见，不能因为其他人在做某件事情，你也去做或者想去做。不要因为怕与众不同而随波逐流，要决定自己该怎么办。"聪明的玛格丽特听到父亲的话，顿时感到豁然开朗。她的委屈也烟消云散，"有自己的主见"从此成为她一生奉行的原则。

艾尔弗雷德经常教导女儿："玛格丽特，决不要去做或想那些平常的事情，因为人们早已经做过了。打定主意做你自己想做的事情，并设法说服人们遵循你的方式行事。"父亲的教导使玛格丽特从小树立了坚定的信心，并逐渐成长为一个有主见的人。

1943 年，玛格丽特从牛津大学毕业后，决心要以政治为终身职业。为了谋生，她先进入了一家塑料公司工作。之后，她参加了达德福特区的竞选，成为当时最年轻的候选人。竞选失败后，她辞去了工作，在一家冰淇淋公司工作。第二年，玛格丽特再次竞选议员，这一次，她又遭到了失败，但她没有放弃,她决心在从政的路上走下去。为了成为真正的政治家,玛格丽特开始学习法律,并在 1953 年通过了律师资格考试。从这以后,她先后在多家律师事务所工作。

她坚持在竞选的道路上奋斗。在经历了几次失败后,32 岁的玛格丽特终于获得了成功。在 1959 年的大选中,她成为了芬奇利区议员,这标志着她已成为一名职业政治家了。

她,就是英国前首相撒切尔夫人,被世人称为“铁娘子”。

当我们在生活和工作中无所适从时,当我们在人生的十字路口徘徊时,一定要有自己的主见。假如你认为自己的做法正确,那么你就继续坚持下去,不要理会别人的想法和讥讽、指责。一个有主见的人不会人云亦云、随波逐流。德纳姆说:“我们决不可被盲目所左右,每个人都要有他自己的见地。”

李开复曾忠告中国大学生:人必须有自己的主见,知道自己喜欢什么、需要什么,而不应当随波逐流。许多人有很强的“从众”心态,他们凡事习惯跟从别人、因袭别人,这很不好。有自己的主见并不是要你不听劝告,一意孤行,而是说当你面临抉择时,不要人云亦云,而要做出自己的思考和判断。

做人有主见难,有主见能够一直坚持则更加难。就让我们努力把自己培养成一个有主见、并且敢于坚持主见的人吧!

善待每个人,别太“势利眼”

在日常生活中,人们习惯称某些人为“势利眼”。我们常常会听到有人说:某某太势利了,就是一个势利小人!人们常常把势利与小人联系在一起,势利的行为也是一种为人所不齿的行为。

传说中的“势利眼”是这样一种人：天生就有两幅面孔，他们笑脸相迎的肯定非权即贵，冷眼相对的必定穷困潦倒，对人对事利字当头，益字出发。对于没有利用价值的人，他们不会想亲近，顶多虚与委蛇。

有这样一个故事：郑板桥在一寺院游玩偶遇方丈，方丈见他衣着俭朴，就冷淡地说了句“坐”，又对小和尚喊“茶”。一经交谈，方丈顿感此人大有来头，就将他引进厢房，一面说“请坐”，一面吩咐小和尚“敬茶”。又经细谈，得知来人是赫赫有名的郑板桥时，方丈急忙将其请到雅洁清静的方丈室，连声说“请上坐”，并吩咐小和尚“敬香茶。”

“势利眼”又称“看人头”。这样的人在与人交往时，以官职、衣冠、钱财取人，媚富贱贫，趋炎附势。“势利眼”们都是以权势或财势来区分人的尊卑，他们瞧不起不如他们的人，或者落魄的人。美国西北大学教授约瑟夫·艾本斯坦在其《势利：当代美国上流社会解读》一书中，辛辣嘲讽了潜藏于社会表象之后的运行机制——势利。他写道：“‘势利眼’分为两种：瞧不起不如自己的，和艳羡强过自己的人并在他们面前自甘下贱。”

周国人苏秦才华出众，却家境贫苦，他曾向秦惠王进献过统一中国的策略，却碰了一鼻子灰。苏秦把旅费耗尽后，几乎是乞讨着回到家乡的。正在织布的妻子看见久别的丈夫落魄归来，连身子都没有移动。苏秦向他正在煮饭的嫂嫂要食物，他嫂嫂好像没有听见一样。苏秦惭愧之余，下工夫研究国际局势，改变了主张，提出对秦国采取合纵对抗政策。之后，他再度出发，向燕国国君姬文公进言，这一次他获得了突破性的成功。姬文公介绍他去见赵王，赵王采纳了这个建议，于是苏秦又联合了韩国、魏国、齐国、楚国，最后六国一致同意签署这个盟约，并一致任命苏秦为他们的宰相。

当苏秦再次回到周国时，已不是上次回家那种可怜兮兮的模样了，他以六国宰相之尊，鲜衣怒马，随从如云，国王诚惶诚恐地隆重接待他，沿途清扫街道，准备官舍。曾经使他挨饿的嫂嫂，也匍匐路旁，连头都不敢抬。苏秦问她：“你从前怎么那样轻视我？而今天又怎么如此恭敬？”她嫂嫂老老实实地说：“只因为你今天既有地位又有钱。”此情此景，真是让人感慨万千。于是乎苏秦仰天长叹:“贫穷则父母不子,富贵则亲戚畏惧。人生世上,势位富贵,盖可忽乎哉!”

《战国策》里的这段描述极尽铺张渲染之能事,把“势利眼”的形象描画得惟妙惟肖,入木三分。苏秦的嫂嫂一语道破“势利眼”的本质:想得到他们的尊敬,其他什么都不需要,只要地位高而又有钱就够了。

“势利眼”就是这样,对权势在握者,他们绝对毕恭毕敬,形如哈巴狗。如果有朝一日你不在势头上了,或你一无所有了,他那张脸立刻寒如严冬,曾有的春风般的笑容、如火般的热情都顷刻烟消云散,那目光含枪带刺,叫你彻骨透寒,他甚至还会在你身上踏上一脚。

你若失势又复得时,他们又马上换了副笑脸,呈现一脸的谦恭,说话让人如沐春风。战国时期的赵国名将廉颇手握大权时,其宾客络绎不绝;而当他被免职后,众人尽散,另附他人;待他官复原职后,宾客又如蚁而至。廉颇于是将其逐出门去,而宾客却大喊冤枉:“天下的人都以势道交:您有势,我们跟从您;您失势我们就离开了,这是天理呀,有什么可埋怨的呢!”这时,你不得不感叹,势利小人的变脸术可谓炉火纯青!

在这个社会上,到处都是势力的眼睛,婚姻是势利的,门不当户不对,对方及其家人就看不上你;工作也是势利的,有时应聘填表格,也要填上自己的社会关系。“势利眼”现象,绝非一时一地所仅有,上至领导干部,下至平民百姓,都有可能染上此痼疾。

在现实生活中,我们每一个人确实无法做到完全清高,为了生存,难免势利,但要保留一个做人的原则:把不伤害别人作为最后的底线。你可以为自己的利益势利一点,但千万别做小人。遗憾的是,现在的人们,又有多少能守住这条底线呢?

积点口德，别做巧言令色的人

巧言令色之人通常令人防不胜防。子曰："巧言令色，鲜矣仁。"什么是"巧言"？讲仁义道德比任何人都头头是道，但是却不脚踏实地。"令色"是指态度上好像很仁义，但却是虚伪的。孔子说："花言巧语，一副讨好人的伪善面貌，这种人是很少有仁德的。"

"巧言令色"，这是一幅伪君子的画像。儒者对伪君子的鄙弃之情溢于言表。然而，在历史上、在现实中，这种巧言令色、胁肩谄笑的人却并不因为受人鄙弃而减少。他们虽无仁德，难成正果，但却有的是用武之地，能使人妻离子散，家破人亡，国危天下乱。

唐玄宗时期，李林甫在朝中担任宰相，他想方设法结交皇帝的宠臣，做让皇帝高兴的事，深得唐玄宗的信任和宠爱。李林甫嫉恨有才华的人，总是想尽办法除掉他们。可他表面上对这些人却十分和善，当面甜言蜜语，其实心里却时时在盘算着害人的诡计，所以一些人被害以后并未察觉。后来，李林甫的这种虚假面目终于被人们识破了，大家都说他是一个"口有蜜，腹有剑"的人。

唐玄宗时，李林甫、张九龄同为朝廷重臣。张九龄以直言敢谏著名，深得众大臣的敬重。李林甫因此怀恨在心，寻机欲置张九龄于死地。

这时，宠妃惠妃与太子产生了矛盾，就在玄宗面前诬陷太子私结党羽，图谋不轨，求玄宗将太子废掉。枕边风吹多了，玄宗动了心，提到朝廷上讨论。张九龄坚决不同意，并说因一个女人之言就废立太子，实非明君所为。玄宗听了，非常不高兴。李林甫乘机来到后花园，拜见玄宗，说张九龄是太子的同党，所以才会这样说。此后，玄宗对张九龄产生了看法。

开元二十四年，玄宗想加封牛仙客为幽国公。张九龄认为此人不过善使谨慎保身之术，并无大功，不宜封此重爵，便相约了李林甫一同去诤谏。李林甫当面表示同意，但到了玄宗面前，轮到他说话时，他却装作沉思之态，默然无语。玄宗仍坚持加封牛仙客，张九龄坚持自己的意见，说牛仙客目不识丁，不宜重封。玄宗听了更加不高兴了。

李林甫又寻机前来，劝谏玄宗说："张九龄固执己见，有不敬之罪，在用人问题上处处与皇上作对，只不过图谋树立太子党群，为自己留条后路而已。"一句话说得玄宗大怒，当即令李林甫代拟诏书，将张九龄贬官外放。

李林甫眼珠一转，怕这件事情引人怀疑到自己头上，影响不好，就急忙说："陛下把张九龄贬职外放，显得皇上没有气量，不如先放放再说。"玄宗听了认为有理，便没让李林甫写诏书，不过，玄宗对此事却耿耿于怀，终于瞅个机会罢去了张九龄的宰相之职。

张九龄的固执耿直在李林甫的巧言令色面前败下阵来。生活中有许多貌似忠厚，实际上心怀叵测的人，常常是"大奸若忠"。对于这样的人，不能不多加防备，应时时警惕那些花言巧语、满脸堆笑的伪君子。

巧言令色者一般都是"风吹两边倒"的人。像墙头上的草，善辨风向，见风使舵。这类人，没有是非标准，"风向"是他唯一判别立场的标准，谁上台了就说谁的好，谁下台了就说谁的坏。

唐歌在某市的某局长手下任办公室主任，每逢有酒宴，他自然作陪。他懂事地举杯敬客人说："局长是廉政领导，酒量有限，我代局长敬您，您随意我喝完。"对方很受用地点点头。局长夸赞说："我这下属能力很强，会办事。"唐歌谄媚一笑说："谢谢您的夸奖，这都是您领导有方。"一年之后，唐歌在局长的栽培下，当上了副局长。

后来，局长因与新来领导不和，被挂了起来。这时，唐歌一翻眼皮说："他活该，谁让他在位时趾高气扬呢，我早受够了，不踹他一脚，就对得起他了。"

在现实生活中，有些人在当权的领导面前点头哈腰，即使被领导批评得

很不对、很无理的时候，脸上也总带着那种谄媚的微笑，口中说着巴结讨好的词。而转身面对失势的领导，不仅见风使舵，还落井下石，并能做到面不改色心不跳。对于这些人只说是势利还不够，完全是丧失人格，失去了底线。

一个人对人如果总是花言巧语，所有的一切都是假装出来的，肯定不会有发自内心的真诚，缺乏真诚的人必然也得不到什么好结果。所以，我们应明辨是非，不要陷入小人的口舌之中。同时，更应警戒自己，不做巧言令色的人。

身正不怕影斜，莫被强权所迫

在现实生活中，很多人以为靠名人的影响力才能出名，巴结讨好权势人物才有更多发展的机会，所以，平时总是对强权人物小心伺候，视若神明。然而，他们却不知道，一个人如果不能坚持自己的个性，只会向权势人物折腰，那么，人生事业的发展必然是畸形的、不健康的。

一个人一味地为强权所迫，会扼杀自己的积极性和创造力。能否减少盲从行为，运用自己的理性判断是非并坚持自己的判断，是成败的分水岭。

日本音乐家小泽征尔有一次去欧洲参加指挥家大赛，在进行前三名决赛时，评委交给他一张乐谱。演奏中，小泽征尔突然发现乐曲中出现了不和谐的地方，以为是演奏家演奏错了，就指挥乐队停下来重奏一次，结果仍觉得不对劲儿。

这时，在场的权威人士都郑重声明乐谱没有任何问题。面对几百名国际音乐权威，他不免对自己的判断产生了动摇。但是，他考虑再三，仍坚信自己的判断没错，“不，一定是乐谱错了！”他的喊声一落，评委们立即向他报以热烈的掌声，祝贺他大赛夺魁。原来，这是评委们精心设计的“圈套”，以试探指挥家们在特殊情况下是否能坚信自己的判断。

在生活中，“权威效应”普遍存在，人们总认为权威人物的要求往往和社会规范相一致，按照权威人物的要求去做，会得到各方面的赞许和奖励。但从众行为容易扼杀个人的独立意识和判断力，因此是有百害而无一利的。所以，在关键时刻我们应该有自己的主见，不能盲目从众。

有一家面积只有30平方米的小酒吧，曾连续多年被美国《新闻周刊》列入世界最佳酒吧前十五名。这的确令人惊讶。但当你读了下面这个故事之后，就会明了其中的原因了。

有一位名叫罗斯恰尔斯的犹太人，在耶路撒冷开了一家名为“芬克斯”的小酒吧，它声誉颇佳。

一次，美国国务卿基辛格出访耶路撒冷，他想顺便到“芬克斯”酒吧看一下。他亲自打电话给罗斯恰尔斯，用十分委婉的口气和他商量说：“我有10个随从，他们将和我一起前往你的酒吧。为了方便，你能谢绝其他顾客吗？”

其实，按国际惯例，基辛格这个要求并不过分，而且对罗斯恰尔斯来说，这似乎是一个提高酒吧知名度的好机会。

但出人意料的是，罗斯恰尔斯却一口回绝了他：“我非常欢迎你们来，但要我谢绝其他顾客，这不可能。因为他们都是支撑本店生意的人。”

基辛格最后坦言告诉他：“我是美国国务卿，我希望你能考虑一下我的要求。”罗斯恰尔斯礼貌地对他说：“先生，您愿意光临本店我深感荣幸，但是，因您的缘故而将其他人拒之门外，我无论如何也办不到。”

基辛格虽然受到了拒绝，但却从心底里欣赏罗斯恰尔斯做生意的原则。第二天，他又打电话给罗斯恰尔斯，说明天将造访，并且不必拒绝其他客人。

谁知，罗斯恰尔斯再次表示拒绝：“明天是星期六，本店例休。对我们犹太人来说，星期六是一个神圣的日子，在这天营业，是对神的亵渎。”

基辛格无言以对，他只好无奈地离开了耶路撒冷，后来也没能在中东享受这家小酒吧的服务。

“芬克斯”对客人一视同仁的态度让人们非常敬佩，从此它更加名声远扬。

无论从事何种职业，我们不但要在自己的职业中做出成绩来，还要在做事过程中建立高尚的品格。永远都不要忘记：我们是在做一个“人”，在做一个具有正直品格的人。正直使人具备冒险的勇气和力量，一个正直的人是完全相信自己的人，并且有某种内在的坚守。

信念不坚定，就容易被权力、权威所左右。试想一下，在众人说“是”的时候你是否敢于挺身说“否”？央视主播康辉告诉我们说：“当你开始不那么盲目，不那么轻易地相信一个东西的时候，你就成长了。”康辉奉劝青年人，不要轻易迷信权威，要有批判和质疑的精神，不可完全听信强权人物的语录，往往他们的话并不一定是真理。

人生是属于自己的，一味遵循他人的思想、按别人的指令行事，是懦弱的表现，也是一种悲哀。这样的人很难有属于自己的路，也很难创造出属于自己的价值。毫无疑问，我们只有摒弃“别人会怎么样说”的顾虑，大胆质疑，勇于批判，才能把生活掌握在自己手里，活出自己独特的人生。

第21章

别自作聪明想走捷径，聪明反被聪明误

俗话说："聪明反被聪明误。"在生活中，有一些自作聪明的人，实际上是"小聪明、大糊涂"，他们机关算尽，竟办出一件件蠢事，最终算计到了自己身上。可见，人即使再聪明，也要显得笨一点；即使再明白，也要显得糊涂一点；人格再高洁，也要显得世俗一点。这才是立身处世的妙招。

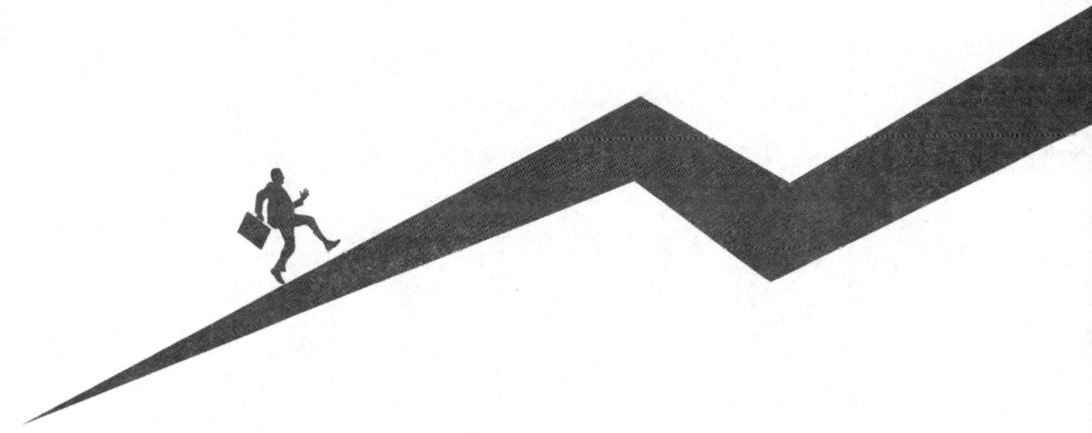

做人要精明，但不能耍小聪明

历史的经验告诉我们，做人不要太精明，太精明露骨会遭人讨厌。在生活中，有一些貌似非常精明的人，他们处处都显得比别人更加神机妙算，更加高人一筹。他们总在算计着别人，以为别人都不如自己聪明。实际上，这类人徒然具有一副聪明的外貌，却并没有聪明的实质，他们小聪明、大糊涂，机关算尽，但最终会算计到自己身上。

南宋时期的奸臣秦桧有个手下，为了讨好秦桧，特意从远方买来一张毛毯送给他。秦桧很喜欢，回到家就命人把它铺上。当铺好毛毯后，发现尺寸居然正合适，一寸不多，一寸不少。秦桧当时就犯嘀咕了，他想：这人实在是太精明了，居然连我屋子多大都丈量出来了，还有什么事情能瞒过他呢？此人留不得啊！这个人的结果可想而知。看来，过于精明只会适得其反。

在表现自己的聪明时，不要表现得过于“精”。这样，不但不会受到人们的喜欢，反而还会让人生出防备之心，让原本的一件好事刹那间变成坏事。做人不要太精明，太精明会祸及自身。对人，不必心机重重，刁钻奸猾；对朋友，应该淳朴真挚，“傻点”更好。精明人容易把本应淳朴真挚的关系，人为地弄复杂，使人感到其刁钻奸猾，不免敬而远之。这样精明的结果，只能以失败告终。

三国时代的杨修，就是因为“聪明”过了头，结果引起了曹操的嫉恨，最终被杀。

刘备攻打汉中，惊动了许昌，曹操亲自率领 40 万大军迎战。曹刘两军在汉水一带对峙。曹操屯兵日久，进退两难，适逢厨师端来鸡汤。他见碗底有鸡肋，心存感慨，正沉吟时，有将官入帐询问夜间号令。曹操随口说：“鸡肋！

鸡肋!”人们便把这当做号令传了出去。行军主簿杨修即令随行军士收拾行装,准备归程。众将大惊,把杨修请到帐中仔细询问。杨修解释说:“鸡肋者,食之无肉,弃之有味。今进不能胜,退恐人笑,在此无益,来日魏王必班师矣。”大家认为这番话有道理,于是营中诸将纷纷打点行李。曹操知道后,怒斥杨修造谣惑众,扰乱军心,把杨修斩了。

后人有诗叹杨修,其中有两句是:“身死因才误,非关欲退兵。”这是很切中杨修之要害的,杨修恃才放旷,数犯曹操之忌。杨修之死,植根于他的聪明过度。

杨修自然有过人之处,但他的愚蠢之处就是不知道耍小聪明会带来灾祸。这样的人显然并不算真正的聪明。曹操固然多疑,但是,换了谁,作为上级也不大愿意让下属知道自己全部的心思、用意。显然,杨修可算是“聪明反被聪明误”的典型。他的才华太外露了,他不是真才,不是大才,因为他不知道韬光养晦,不知道大智若愚,不知道保护自己。那么,除了灾祸降临,他还会有什么结果呢?

做人要精明,但不能耍小聪明。“小聪明”常常表现为聪明伶俐,能言善道,机灵敏捷,善于伪装等,但是爱耍小聪明的人爱卖弄自己的才华。聪明一过头便会目中无人,便会不知天高地厚、忘乎所以,这个时候看似很聪明的人其实是很傻的。古今得祸者绝大多数都是精明的人。莎士比亚曾说过:“愚笨的人往往认为自己很聪明,而聪明的人却一直认为自己很笨。”一知半解,自以为是的人,最容易犯耍小聪明的错误,真正聪明的人,都有自知之明;肤浅愚蠢的人,常常在自作聪明后尝到苦果。

明代大政治家吕坤以他丰富的人生阅历和对人性的深刻洞察,在《呻吟语》一书中写道:“精明也要十分,只须藏在浑厚里作用。古今得祸,精明人十居其九,未有浑厚而得祸者。”他的意思是说,人们对聪明、精明还是非常需要的,但关键是要在浑厚中悄悄地运用。古往今来得祸的绝大多数都是那些自恃聪明、卖弄聪明的人,没有诚实忠厚的人会得祸的。

这就是说,真正精明的人会隐藏自己的精明,深藏不露,貌似浑厚,才不

致招来祸患。

即使揣着明白，有时也要装糊涂

大部分的事情，可以用理智解决，但有时候则要“装糊涂”才能成事。为人处世中，一个人在非原则问题上不要计较，在细小问题上不必纠缠，对不便回答的问题可装作不懂，对危害自身的询问可假作不知，以理智和“装糊涂”平息可能发生的矛盾。

明明自己心里很清楚，为什么要装糊涂呢？其原因之一是因为自己相对比较弱小，如果挺身而出与对手直接决战，往往会大败而归。这种“表面糊涂内里精”的手段，其实是一种麻痹对手的计谋，让别人以为自己软弱可欺，对自己放松警惕，便于耐心地寻找对手的弱点。

实际上，历来真正聪明的人都善于运用“表面糊涂”的策略。糊涂，其实是佯装糊涂，事情的真相早已了然于心。揣着明白装糊涂是一种达观，一种洒脱，一份人生的成熟，一份人情的练达。“知渊中鱼者不祥”，看透了别人的心意，有时反而会招祸，保持常态，不动声色，是一种自我保全之策。

齐国有一位名叫隰斯弥的官员，他的住宅正巧和齐国权贵田常的官邸相邻。田常为人深具野心，后来欺君叛国，挟持君王，自任宰相执掌大权。隰斯弥虽然怀疑田常居心叵测，不过依然保持常态，丝毫不露声色。

一天，隰斯弥前往田常府第进行礼节性的拜访。田常依照常礼接待他之后，破例带他到邸中的高楼上观赏风光。隰斯弥站在高楼上向四面观望，东、西、北三面的景致都能够一览无遗，唯独南面视线被隰斯弥院中的大树所阻碍，于是隰斯弥明白了田常带他上高楼的用意。隰斯弥回到家中，立刻命人砍掉那棵阻碍视线的大树。正当工人开始砍伐大树的时候，隰斯弥突然又命令工人立刻停止砍树。家人感觉奇怪，于是追问原因。隰斯弥回答道："俗话说'知渊中鱼者不祥'，意思就是能看透别人的秘密，并不是好事。现在田常正在图谋大事，就怕别人看穿他的意图，如果我按照田常的暗示，砍掉那棵树，只会让田常感觉我机智过人，对我自身的安危有害而无益。不砍树的话，他顶多对我有些埋怨，嫌我不能善解人意，但还不致招来杀身大祸，所以，我还是装糊涂的好，以求保全性命。"

这一段故事告诉我们，知道得太多会惹祸，有时"装糊涂"也是聪明人的一种明哲保身之策。

"装糊涂"的意思就是把自己对人和事的真正看法隐藏起来。装糊涂是一种大智慧，有很多场合，常常会出现意外事件，如果不能妥善处理，就会造成尴尬的结果。这时不妨糊涂一下，或许就能挽回看似无法挽回的局面。

米琳是一个聪明的女人，她很讨人喜欢。之所以如此，是因为她能够守口如瓶。同事们都爱跟她聊天，都不会担心聊过之后，她会泄漏出去。

一次偶然的机会，米琳发现了一个秘密：已婚的老板居然跟一个女孩有地下情！那天，她和朋友在餐厅吃晚餐，她的目光注视到了一对刚进门的男女，定睛一看，却发现那是她的老板和一个女孩，那女孩不是他的妻子！

朋友提醒米琳说："那不是你的老板吗？要不要过去跟他打个招呼？"她按住朋友的手，小声对她说，"我们还是换个地方吃饭吧！"很显然，她不想让老板知道她看到了这一幕。她和朋友像两个贼一样，悄悄地跑出餐馆，把更大的空间留给了老板和他的情人。

"装糊涂"也是一门学问，糊涂不是脑子不好使，而是一种聪明的处世之道。有个成语叫"视而不见"，就是很好的解释。

在待人处世中，许多时候装得迟钝一点、傻一点、糊涂一点，往往比过于敏感更有利。我们表现得对一切都精明过人，有时并不是好事。与其事事较真、逞强，倒不如"糊涂"一些。所以，有时装装糊涂，凡事不那么较真，反而会有利于事情的发展，同时也能使场面圆满，使自己受益。

大事不能糊涂，小事别总聪明

在生活中，人与人之间相处难免有是是非非。究竟该怎样处理呢？答案是，对于大事不应糊涂，而对那些无关原则的小事，则应该睁一只眼睛闭一只眼睛。

在现实生活中，我们身边经常有这样一些人，他们表面上大大咧咧，小事糊里糊涂，可是心里却明镜一般透亮。他们把一切都看得清清楚楚，遇到大事毫不含糊，一就是一，二就是二。

还有一类人，总对鸡毛蒜皮的小事“精明”，什么东家长西家短，说起来头头是道，可是一遇大事则不知所措。其结果正如清代名臣左宗棠所言：“凡小事精明，必误大事。”左宗棠不仅这样说，也是这样去做的。在国家大事上，左宗棠特别认真，从未糊涂过，在教育子女这样的大问题上也一直保持清醒，而在一些小事上，他却很少去计较。

小事糊涂能使人集中精力干事业。一个人的精力是有限的，如果一味在小事上浪费精力，或把精力白白地花在钩心斗角、玩弄权术上，就不利于工作和发展。但是，遇到大事的时候，我们却不能再糊涂，要明白小事与大事的界限，要在大事时保持清醒，才不至于错失良机。

俗语说：“吕端大事不糊涂。”就是告诉我们真正遇到大事时要保持清醒的头脑，关键时刻要表现出大智慧，该糊涂时糊涂，该聪明时聪明。

公元 995 年，吕端被宋太宗提升为宰相。当时和他有同样声望的还有名臣寇准，办事干练，很有才能，但是性子有些刚烈。吕端担心自己当了宰相后寇准心中会不平衡，如果耍起脾气来，朝政会受到影响，于是就请太宗另下了一道命令，让担任参知政事（副宰相）的寇准和他轮流掌印，并一同到政事堂中议事,这得到了太宗的批准,也平和了寇准的情绪。后来,太宗又下诏说:朝中大事要先交给吕端处理,然后再上报给我。但吕端遇事总是与寇准一起商量,从不专断。过了一段时间,吕端又主动把相位让给了寇准,自己去当参知政事。这种主动让权,在世人的眼中自然是“糊涂”的举动。

吕端这种对个人利益淡然处之的“糊涂”,是非常可贵的,非常值得后人学习的,难怪他的“糊涂”要受到人们的称赞了。但真正使他名传千古的,还是由于他的“大事不糊涂”。

公元997年,宋太宗病危。当时得宠的宦官王继恩事先串通好了皇后,再暗中勾结了许多大臣,图谋拥立楚王赵元佐(太宗的长子),一场宫廷政变在紧锣密鼓地展开着。太宗一咽气,皇后马上就派王继恩召见吕端,计划逼着吕端同意立楚王为君。其实在他们刚开始谋划的时候,吕端已经有所耳闻了,现在听到皇后召他入宫,知道局势可能有变,就果断地把王继恩锁在了自己家的书房中,然后入宫觐见。果然,皇后对他提出了立楚王的问题,吕端毫不客气地顶了回去:先帝在的时候已经明确立了太子,我们怎么能不听他的话呢?由于谋变的关键人物王继恩已经被控制了起来,皇后一时也没了主意。吕端趁热打铁,率领大臣共同保太子(真宗)继位。接着,又把那几个犯上作乱的分子发配到外地,彻底平息了这场争端,确保了政权的稳固。

吕端在大局、大节问题上毫不糊涂,但在事关个人利益的问题上却能“糊涂”了事,这跟他的个人品质是有很大关系的。人的一生要经历的事情不计可数,如果事事都要认真盘算,势必会使自己筋疲力尽。所以,对一些不重要的小事最好能忍得一时之气,糊涂处之,尤其是涉及个人名利的问题,更应该如此。我们不管是当官还是为人处世,都应该学学这种精神。

小事愚、大事明,从另一个角度来说,也可以理解为大智若愚。所谓愚,是指有意糊涂。该糊涂的时候就不要顾忌自己的面子、自己的学识、自己的地位,一定要糊涂。而该聪明、清醒的时候,则一定不能含糊,一定要坚持原则,这才是真正的聪明。

你不是什么都行，要善于听取他人意见

古人有“听君一席话，胜读十年书”之说，善于听的人可以通过听别人的议论，获取经验，增长见识，丰富阅历，这是自我完善的有效途径。

在生活中，一个人无论多么优秀，多么完美，总有一些这样那样的缺点，因此，在人的一生中，被指责批评是很平常的事情，关键是看怎么样对待批评。清朝大理寺卿王昶曾经告诫儿子说：“别人抨击我们，我们应当退而反省自身。如果我们自己有可被攻击的行为，那么别人就说得很恰当了。如果我们没有他所说的缺点，则对我们自身也没有伤害，我们又何必去报复呢？所以忍辱的要害是自我反省。”

古往今来大凡成就大业之人，无不是胸怀宽广、从善如流者。他们不但心中有大志，而且能够礼贤下士，倾听逆耳忠言。宋代著名大文学家苏东坡在评论楚汉之争时就曾说：汉高祖刘邦之所以能胜，关键在于他懂得“从善如流”的道理。

楚汉战争之前，有个叫郦食其的读书人来投奔刘邦。刘邦平日不喜欢读书人，派人回绝说：“现在是战争时期，不见儒生。”郦食其生气了，他对管事的人说：“你给我进去报告，老子是高阳酒徒，不是儒生。”管事的人赶快进去报告，于是刘邦就把郦食其请进去了。当时刘邦正在洗脚，没有站起来迎接。郦食其向刘邦作了一个揖，劈头就问：“你究竟要不要推翻秦朝，夺取天下？你为什么轻视长者？”刘邦听了，赶快趿上鞋，站起来给郦食其陪礼让坐。郦食其看到刘邦挺能接受意见，就贡献了一条重要的计策，建议刘邦去进攻陈留。刘邦采纳了这个意见，带兵打下了陈留，结果得到了许多粮食，解决了军粮不足的问题。

与刘邦容忍的态度相反，项羽则刚愎自用，自以为是。他甚至连身边最忠实的范增也怀疑不用，结果错过了鸿门宴杀刘邦的机会，最后气走范增，导致了失败。在楚汉之争中，刘、项就因心态气度的不同，一个转劣势为优势，最终取胜，而另一个则截然相反。可见放平心气、接纳批评意见对于在激烈竞争中取胜是多么重要。

在现实生活中，我们千万不要自认为智商高、能力强，对他人给予的意见或建议不屑一顾。这时一定要保持清醒的头脑，克服自己盲目自信的缺点，认真听取意见、反省自我，这样才能使自己走在正确的道路上。

大学毕业后，杨帆想开一家服装店。母亲知道他这个创业计划后，劝他说："你叔叔以前做过好多年生意，现在不做了，经验还在，你不如去请教他。"

杨帆心想，叔叔那点老经验拿到网络时代来用，只怕过时了。他决定按自己的思路做事。

他租了一个临街的门面，周围只有几家食品店和百货店。他想，在这儿开服装店，没有竞争对手，生意肯定错不了。没想到，开业后，他的生意十分冷清，买主很少。他以为这是刚开业的缘故，谁知过了半年，生意仍没有多大起色。眼看苦熬下去没有什么意思，宣布倒闭又心有不甘。正在犹豫时，母亲替他请来了叔叔，帮忙看看生意不景气的原因。叔叔看了一眼就说："你这地方开服装店不行，周围一家服装店也没有，不招客。"

杨帆奇怪地问："为什么？"

"你的店面小，花色品种有限，对顾客的吸引力本来不大，加上没有对手竞争，价格没有比较，顾客怎么愿来呢？"叔叔说得头头是道。

杨帆心想：叔叔说的还是很有道理的，这地方不行，那就不如另选地方。后来，在叔叔的指点下，他的服装店在另一个地点重新开张，这回生意做得很不错，后来扩大成了服装超市。

一个人的经历有限，见识也必然有限。如果保持谦逊的心态，愿意听听别人的见解，那么，你就能将别人的见识变成自己的见识，帮助自己获取

成功。

善于听取各方面意见的人，都是些聪明的人，他们可以从别人的意见中汲取经验教训。你的意见和看法并不一定是正确的、合理的，而别人的意见和看法也不一定是错误的、无价值的。有了虚心听取别人的意见的胸怀，才会有更多的人愿意指点和帮助你。

所以，在生活中，我们应该以积极的态度去接受忠告，那么，我们的人生将会更加成功，事业也会更加辉煌。

聪明外露，有时会弄巧成拙

苏东坡才华横溢，却一生多灾多难，经历了官场的大起大落，对聪明与愚钝有着深刻的体会。他认为聪明是一种天赋，但是“愚钝”一点能使人保持心胸坦然、精神愉快，还可以消除心理上的痛苦和疲惫。一个人如果过分认真，那么必将一事无成。在待人处世中，许多时候装得迟钝一点、傻一点、糊涂一点，往往比过于敏感更有利。

老子在《道德经》中说：“大智若愚，大巧若拙。”大智若愚，即有大智慧的人，不显山露水，不卖弄聪明，表面上看起来很愚笨，其实却很聪明。可见，这里的“若愚”只是一种表象，只是一种策略，而不是真正的愚笨。对于那些不情愿去做的事，可以以智回避之。本来有大勇，却装出怯懦的样子，本来很聪敏，硬装出很愚拙的样子，如此可以保全自己，同时也可不做随波逐流之事。

大智若愚，不仅可以将有为示无为，聪明装糊涂，而且可以静待时机，把自己的过人之处一下子表现出来，打对手一个措手不及。我们要懂得隐藏自己，不要咄咄逼人、聪明外露，这样只会弄巧成拙。

吕不韦为秦国做出了巨大的贡献，还帮助嬴政统一了六国。然而，吕不韦的悲剧就在于他声势显赫，“傲”字当头，给秦王造成了很大的威胁，所以，最后他没能善终。

太子政继立为秦王，尊奉吕不韦为相国、“仲父”。吕不韦将《吕氏春秋》公布在咸阳市朝的大门，并悬挂千金在上面，聘请诸侯各国的游士宾客，如有能够增添减少一个字的就赏给千金。消息很快传遍国家的每一个角落，却没有人敢出来修改一个字，这时的吕不韦在秦国是独一无二的权威，权势达到了顶峰，甚至盖过了秦国的君主嬴政。

吕不韦推崇儒家的政治思想，而嬴政则表现了强烈的尊崇法家的态度。吕不韦主张国君不过问具体的政务，而嬴政则主张所有国家大事，包括一切刑事案件，都要由他专断。这一切分歧，都是没办法调和的。

嬴政亲政后，借故说吕不韦私通叛党，免除了吕不韦的相国之职，让他去河南就职。

吕不韦到了河南之后，河南就变成了政治、经济、甚至是文化中心。各国使节或是来访大臣到咸阳之前，都会先到吕不韦那里停留议事，到达咸阳见嬴政时，所提出的往往是在吕不韦那里得到的结论。嬴政闻知，心中越发担心了。谁知吕不韦一点没有收敛的迹象，他召集门客吟诗议论，为所欲为。吕不韦的门客到处游走，甚至希望为他重新选一个主人。

这次秦王终于忍不住了，他送给吕不韦一封信，信上写道：“你对秦国有什么功劳，秦国要封你河南十万户？你与秦是什么亲属关系，可以称为‘仲父’？你和你的家属还是滚回到蜀地去吧。”

吕不韦已经年迈，怎么能够走到四川呢？吕不韦知道事情已不可挽回，就饮鸩而亡。

有人大智若愚，同样也有人大愚若智，区别在于是否有自知之明。一个人不自我表现，不自我夸耀，反而会成就大事，这就是大智若愚。而那些盲目自傲、自以为是、爱出风头的人或许可以取胜一时，但最终会自食其果。

在职场中，如果你的能力确实出众，就有必要装装糊涂，不让他人感到

你的威胁。多数领导都希望下属与自己相较处于劣势，然而工作中，他会时时发现下属在某些方面有杰出表现，甚至超过了自己。一旦发现下属的能力可能高于自己时，他立刻会显得坐立不安，还会对其施加压力。因此，当你的才能高于领导时，不可过于锋芒毕露，以免引发领导的猜忌之心。为了不伤领导的面子，明智的下属应该尽力维护好领导的自尊。

在更多的时候，领导需要提拔那些忠诚可靠但表现可能并不是那么出众的下属，因为他认为这更有利于他的事业。因此当你对某项工作有了好的可行的办法后，不要直接阐发意见，而要在私下里或用暗示等办法及时告知领导。这尽管使你在群众中形象不佳，甚至还有点“弱智”，但领导却会对你倍加欣赏，情有独钟。

即使再聪明，也要显得笨一点；即使再明白，也要装得糊涂一点；即使再有能力也不激进，宁可以退为进。因此，聪明人总会想方设法掩饰自己的实力，以假装的愚笨来反衬他人的高明，这才是立身处世的妙招。

第 22 章

别小肚鸡肠眼红利益，斤斤计较堵死前路

在生活中，人们之间必然会有利益冲突，有利益冲突，就必然有大大小小的矛盾分歧。遇到矛盾冲突时要有度量，凡事看得淡一点，别那么斤斤计较，否则就会激化矛盾，难以收拾，给自己增添诸多烦恼。人与人相处，要多为对方着想，即使你有理，也要做到得理饶人，唯有抱着"以德报怨"的宽容态度，才能开启未来之门。

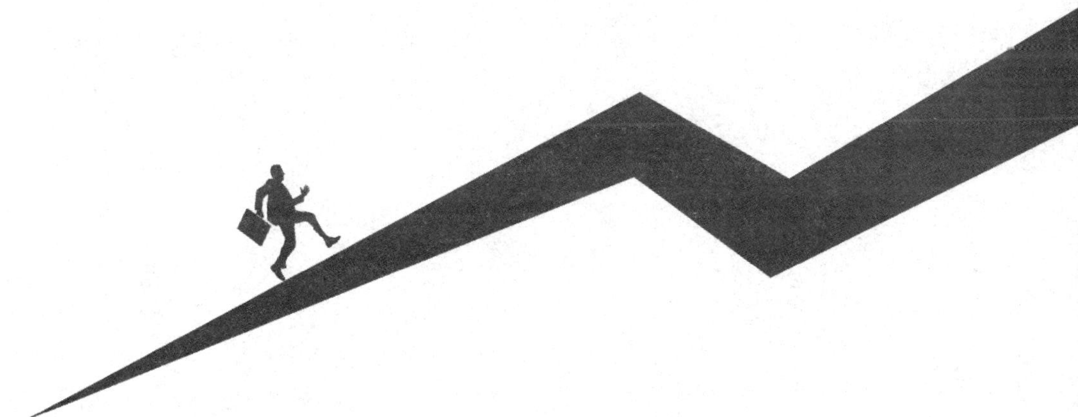

顾及别人的面子，顾及自己的未来

对于中国人来说，面子非常重要。一个人如果失去了少许金钱，尚不至于恼羞成怒，而一旦面子受到损害，就无法预测他的行为了。有时候，我们本身并无存心伤人之意，可是却会因为某句无意的话伤害到别人，甚至可能因此为自己树立一个敌人。下面的这个故事，对我们应该有深刻的启示。

春秋时期，郑国的大臣子公在上朝的时候，食指突然动了起来。他便开玩笑似的对其他大臣说："我的食指一动，就能尝到非同一般的美味。"这话让国君郑灵公听见了。正巧楚国献给了灵公一个特别大的鳖，灵公准备用它来大宴群臣。结果灵公听到子公的话后，就在鳖宴上故意不给他分鳖肉。子公羞愤交加，就径直走到烹鳖的大鼎前，把手伸到汤里捞肉，这就让灵公十分不好看。结果双方都感到丢了面了，只好翻脸，灵公欲杀子公，而子公抢先发动政变，杀死了灵公，这足以让灵公永远没有"面子"。

这种君臣之间为面子而起的争斗近乎玩笑，但不能不看到，"面子问题"正是这种倾国覆权的重大事件的导火索。面子代表着尊严与荣耀，有面子才能被别人看得起，才能表明他的优越感。面子是一个人在众人中立足的"根本"，所以你若当面羞辱某人，某人因此觉得很没面子，他是有可能为此和你拼命的。

在人际交往过程中，由于天性使然，每个人都希望给他人留下良好的个人印象，因此人们会表现出相比平时更为强烈的自尊心。当他们遭遇窘境甚至误入歧途时，自尊心就会严重受挫，并变得异常敏感，如果这时候又有人使其下不了台，就会引起他们最为强烈的反感，甚至仇视心理。所以，在人际交往中，我们要想与别人建立和谐的关系，就必须懂得放下自己的面子，给他人一个面子。美国前总统富兰克林说："保留他人的面子和自尊，是人际交往的底线。"维护他人的自尊，不仅是对他人的肯定与维护，也能为自己赢得尊重与理解。

一天，新东方教育科技集团组织了一次"谈人生、话留学"的大型讲座，由集团董事长俞敏洪和周成刚主讲。下午两点整，俞敏洪准时着一身休闲装出现在会场，看上去自信、潇洒。

这次的讲座由一位女士主持。在一番简单的开场白后，一切应该有望顺利地进行，但是，不知道是怎么回事，当这位女士介绍到俞敏洪和周成刚的时候，就是不知道该说什么好！而且，更出奇的是，一连重复了5遍都到这里说不下去。想想看现场是个什么样子？要不是听课的人都是抱着很虔诚的态度来学习的，大家都能克制自己，否则，一定会起哄的！

这时，俞敏洪上了台，他接过这位女士的话筒，微笑着从容地对这位女士说："小雅，你太紧张了，来，让我们拥抱一下吧！"立时，台下的听众掌声一片，最受感动的还应该是这位女士。在她如此尴尬的时候，她的老总，给了她足够的宽容。这一天，这一时刻，她会终生难忘！

这是一件小事，但是透过这件事，让我们了解了俞敏洪的包容心。给人面子，正是一种宽容大度、胸襟坦荡的表现，可以避免不必要的尴尬、难堪，还可以赢得友谊，赢得信赖，而他人的友谊和信赖往往能为你的成功助一臂之力。

一个善于处世的人在与他人交往的过程中，总会巧妙地给别人保留一份颜面。对于尴尬难言的事，没必要当众宣布，更没必要撕破脸皮，弄得不欢而散；不方便说的话要学会对人进行暗示，使其做好心理准备，一切都在私下里进行，这样既维护了别人的面子，也联络了双方的感情。

在社交中，有时遇到一些竞争性的文体活动，比如下棋、乒乓球赛等。有经验的人，在自己取胜把握比较大的情况下，往往并不把对方搞得太惨，而是适当地给对方留点面子，让他也胜一两局。你若穷追不舍，让他狼狈不堪，有时还可能引起意想不到的后果，让你无法收拾。再比如，与人发生争

论时，以严密的辩论将对方驳倒固然很好，但也没必要将对方批驳得体无完肤。这样做不但对自己毫无好处，甚至会自食其果，遭到对方的反击。可见，我们做事情千万不能太过分，不能由此而伤别人的心，要给对方留有余地。这一点在处理人际关系时非常重要。

人都爱面子，你给他面子就是给他一份厚礼。有朝一日你求他办事，他自然要把这个人情还给你。所以，最明智的选择是时时给别人留点面子，事事都要预留点分寸。这样你在给他人留面子的同时，也为自己铺就了一条前行的阳光大道。

占理也要气和，得理更要饶人

由于每个人的智慧、经验、价值观、生活背景各不相同，因此与人相处，争斗是难免的，不管是利益上的争斗，还是是非的争斗。大部分的人一旦陷入争斗的漩涡，不管是为了面子或为了利益，得了“理”便会不饶人，逼得对方非投降不可。然而“得理不饶人”虽然让你暂时胜利，但这同时也是下次争斗的前奏。这样就会造成你与对手之间无休无止的争斗，甚至对方会加倍地反对你，与你为敌，这样下去的后果只能是两败俱伤。

在生活中，常有一些人特别固执己见，十分容易为些小事情同别人争论，而且火药味浓烈。这时候，得理的一方应当有饶人的雅量。如果你得理不饶人，让对方走投无路，就有可能激起对方的反抗，就有可能“不择手段”给你造成伤害。所以，即使你占理也要注意说话的态度和方式，语气太激烈不但打击别人的自尊心，还会惹恼对方，最后非但达不到目的，还把事情搞僵了。凡事保持冷静，不要理会那些充满敌意的问题，这样就不会使你失去平衡的心态，有利于问题的进一步解决。大事情上要“理直气壮”，小事情上应“理直气和”。

“石油大王”洛克菲勒曾有一件很有趣的轶事：

一天，有一位不速之客突然闯入他的办公室，并以拳头猛击写字台台面，大发雷霆：“洛克菲勒，我恨你！我有绝对的理由恨你！”接着他恣意谩骂达10分钟之久。办公室所有职员都感到无比气愤，以为洛克菲勒一定会拾起墨水瓶向他掷去，或是吩咐保安员将他赶出去。然而，出乎意料的是，洛克菲勒并没有这样做。他停下手中的活，用和善的神气注视着这一位攻击者，那人越暴躁，他便显得越和善！

那人被弄得莫名其妙，渐渐地平息下来。他咽了一口气。本来，他是准备来此与洛克菲勒作斗争的，但是，洛克菲勒就是不开口，所以他不知如何是好了，只得尴尬地站在那里。洛克菲勒任凭他骂得声嘶力竭，然后才用极温和的口气说：“你现在应该消气了吧？现在我仍愿意详细解释给你听……”这几句话把那人说得羞愧万分，其实不等洛克菲勒解释，他已被折服了。

有句话说得好：得饶人处且饶人。人在有理的时候不要咄咄逼人，抓住别人的“小辫子”不放，而要有容人容事的胸怀。在得势的情况下饶人，矛盾会立刻缓解。不少时候，人和人之间的相互发火，是因为互不了解、有失沟通造成的。这时候得理的一方切不可因对方的错怪而以怒制怒。最好的方式是多加解释，想法沟通或者道歉、劝慰，与对方达成谅解或共识。

“服务员！你快过来！”顾客高声喊着，指着面前的杯子，气愤地说，“看看！你们的牛奶是坏的，把我的一杯红茶都糟蹋了！”

“真对不起！”服务员小嫣笑着说，“我立刻给您换一杯。”

新红茶很快就准备好了，配着新鲜的柠檬和牛乳一起端上来。小嫣轻轻放在顾客面前，又轻声地说：“我是不是能建议您，如果放柠檬，就不要加牛奶，因为有时候柠檬酸会造成牛奶结块。”

顾客的脸一下子红了，他匆匆喝完茶，离开了。

有人不解地问小嫣：“明明是他土，你为什么不直说呢？他那么粗鲁地

叫你，你为什么不还他一点颜色看呢？”

“正因为他粗鲁，所以我要用婉转的方式对待；正因为道理一说就明白，所以用不着大声！”小嫣说，“理不直的人，常用气势来压人。理直的人，要用和气来交朋友！”

小嫣以“和气”对“火气”，表面上“柔情似水”，实际上“力胜千钧”，产生了积极的效果。一个人如果心胸狭窄，经常为了自己的一点私利斤斤计较，结果只能使矛盾愈加激化，不仅伤害感情，影响友谊，还会破坏和谐。相反，只要我们以谅解的态度、宽广的胸怀去待人待事，就能使矛盾得到缓和。当遇上有人无理取闹或产生误解时，你不必过分冲动，如果能保持忍让态度，柔言相答，结果会“灭火消气”，换来微笑。

生活中的人是最现实不过的，为了生存，彼此必然会有利益冲突，有利益冲突，就必然有大大小小的矛盾分歧。遇到矛盾冲突时要有度量，凡事不那么斤斤计较。人与人相处，要多为对方着想，即使你有理，也要做到“得理饶人，理直气和”，因为有时候，“和气地饶人”，会让你收到“帮人利己”的效果。

对于他人的过失，别总抓着不放

人生在世，不可能总是一帆风顺。彼此相处，哪怕个个心地善良，也难免会发生磕碰和摩擦。矛盾和纠葛无处不在，而要化解它们，最好的办法就是要心存宽容。

宽容待人，能让自己心平气和、轻松愉快。相反，如果经常因为一点小事冲别人发火、严厉地指责，甚至于耿耿于怀，这样不但让人望而生畏，心生反感，自己也会因为不得人缘而愁闷苦恼，真是伤人又伤己。所以，严于律己、宽以待人不但是人际相处之道，也是赢得他人信任、保证事业成功的根本。

美国前总统林肯幼年曾在一家杂货店打工。一次一位顾客的钱被前一位顾客拿走，该顾客与林肯发生了争执。杂货店的老板为此开除了林肯，老板说："我必须开除你，因为你令顾客对我们店的服务不满意，那么我们将失去许多生意，我们应该学会宽恕顾客的错误，顾客就是我们的上帝。"在许多年后，林肯当上了总统。做了总统后的林肯说，"我应该感谢杂货店的老板，是他让我明白了宽恕是多么的重要。"

宽容是人类的共同美德，究其含义就是对他人的某种失误、失态或无意间犯下的错误给予理解、谅解，不计较、不追究，体现出宏大的气量。当别人的一次失误给自己带来损失时，有的人会大发雷霆，甚至用抱怨和责罚来发泄自己心中的怨气。这样做的结果，不仅不能改变糟糕的现状，还有可能使整个局面更糟；而有的人却会对自己的损失表现得毫不在意，用宽容和体谅代替自己内心的不满，从而赢得别人的信任与回报。

著名思想家波普曾说："错误在所难免，宽恕就是神圣。"如果说犯错是进步的前提，那么宽容就应该是进步的基础。当然，宽容也并不是无原则地做老好人，而应把握尺度。宽容别人的过错，不是成就别人去犯错、鼓励别人去犯错，而是允许别人的过错，让别人更好地改过。无论宽容何人，宽容何事，都是人生的一种收获。宽容应以理解、尊重和信任为基础。宽容别人的过错，实际上是把一种信任、一种责任交给别人，而别人得到信任，也会尽最大努力去改正自己的过错，这样，宽容的魅力就会体现出来。

南非黑人领袖曼德拉曾被关在罗本岛总集中营的一个"铁皮房"里。他白天打石头，将采石场采的大石块碎成石料，有时还做采石灰的工作。他每天早晨排队到采石场，然后被解开脚镣，下到一个很大的石灰石田地，用尖镐和铁锹挖掘石灰石。因为曼德拉是要犯，专门看守他的人就有3个。他们对他并不友好，总是寻找各种理由虐待他。

但是，当1991年曼德拉出狱当选总统以后，年迈的曼德拉在他的总统就

职典礼上恭敬地向3个曾关押他的看守致敬，让在场的人无不为之感动。这些人中，有一位就是曾经的美国第一夫人希拉里。希拉里问曼德拉：您如何在激流险壑、风云变幻的政治斗争中，保持一颗博大、宽容的心？

曼德拉告诉希拉里，自己年轻时性子很急，脾气暴躁，正是在狱中学会了控制情绪才活了下来。他说，感恩与宽容经常是源自痛苦与磨难的，必须以极大的毅力来训练。曼德拉博大宽宏、乐观向上的精神深深地感动了希拉里，她暗暗告诫自己：要试着像曼德拉那样，以宽宏的精神处理生活中遭逢的苦痛。

曼德拉曾讲述自己获释出狱当天的心情："当我走出囚室，迈向通往自由的监狱大门时，我已经清楚，自己如果不能把悲痛与怨恨留在身后，那么我其实仍在狱中。"

强者宽容他人的过失，避免了无谓的争斗。宽容并不代表无能，更不是软弱的表现。处处宽容别人，绝不是怕事，也不是面对现实的无能为力、无可奈何，宽容恰恰是一种得体的淡泊，是一个人远见卓识、睿智人格的体现。

宽容他人的过错，要有"你有理，我让你；你没理，我有理，我包容你"的胸怀，允许别人有过，也允许别人改过。千万别耿耿于怀，寻机报复。容人难，容人之过更难，容己之仇怨更是难上加难，因此，我们可以这样说："大地承受不住的东西，胸怀可以容纳。"

对于他人的无心过失、有意过错，要有清浊并容的雅量，要用宽容的心去理解、体谅他人。你的宽容滋润着别人、感化着别人，会收到"润物细无声"的效果，它接纳的是眼前的短暂风雨，收获的是今后的阳光灿烂。

人情留一线，日后好相见

民间有句俗话："人情留一线，日后好相见。"意思是说与人相处时，凡事不要做绝,要记得为彼此留条退路,以后无论在哪个场合再见面了,都不会难堪,不会陷入尴尬境地,更不至于见了面就让对方恨得咬牙切齿。

人在面临绝境时,大多容易全力挣扎,以死相拼。这给我们以深刻警示,那就是置人于死地往往容易激起更大的反抗,反而会在瞬间使成败易位。因而在已经把对手置于必败之险地的同时,必须考虑给其留有一条生路。

《三国演义》中就有不追穷寇的事例。

在曹操平定河北后,率领将士包围了壶关。曹操当时下令:“攻破城池以后,把俘虏全部活埋。”可是一连打了几个月,城池都没有打下来。大将曹仁进言说:“围城一定要让敌人看到逃生的门路,这是给敌人敞开一条生路。如果你告诉他们只有死路一条,敌人就会人人奋勇守卫。况且城坚粮足,攻击只会伤亡人马,围攻更会旷日持久。如此下去,对我们没有好处。”曹操采纳了曹仁的意见,果然,城上的守军投降了。

《孙子兵法》中说过,攻敌时要留一条退路给敌人,若是把敌人团团围住而不留一条活路,敌人在走投无路的情况之下只好决一死战,倾全力反击。给对方留一条退路,这样为自己日后办事也留下了一条退路。这种退让之法、进退之道只有洞悉人情世故的人才会懂得其间的妙理。

在我们的现实生活中,需要有一种放弃的智慧。当你与人发生矛盾或冲突的时候,只要不是什么原则问题,你完全可以舍弃争强好胜的心理,甚至甘拜下风,以避免两败俱伤。舌头难免会有碰到牙齿的时候,如果太认真太计较,非去咄咄逼人辩出个你对我错,争个你高我低,只能使故事升级,小事变大。如果在无伤大雅的小节上、细节末节的小事上,谦让一点,就能够从不必要的纠缠中挣脱出来,去争取大局的利益。在处理人际关系上懂得退让的人,是比较洒脱的人,也是有大智慧的人。

美国前总统克林顿的妻子希拉里曾写了本自传,遭到了一位脱口秀主持人的嘲讽。他辛辣地评价说:“她不可能卖得好,我敢打赌,如果超过一百万本,我把鞋子吃下去。”上天往往喜欢捉弄把话说绝的人,希拉里的自传上

市几个星期就畅销了一百万本。那位主持人该品尝鞋子的味道了。

没错，他的确吃鞋子了。不过，鞋子的质地不同寻常，主持人吃下的是希拉里特意为他定做的鞋子形状的蛋糕。那味道一定棒极了，因为它里面加了一种特殊的调料——宽容。

面对主持人的嘲讽，希拉里并没有给以他猛烈的回击或等着看他出丑，而是用一种幽默宽容的方式巧妙地化解了这场矛盾。希拉里因宽容而更加让人敬佩，蛋糕鞋子因宽容而更加美味可口。

生活并不是平和的，之中隐藏着各种矛盾，激化矛盾还是平息矛盾，宽容之怀是主导。忍让是一种包容，是一个人心胸开阔的重要表现。没有必要和别人斤斤计较，没有必要和别人争强斗狠，给别人留一条路，就是给自己留一条路。

在占优势的情况下，放对方一马，让他有一个台阶下，他自然会心存感激，来日相见也好说话。争强好胜，使对方下不来台，自己也常常不会有好结果。对于明智的人来说，即使自己做得很好，也绝不逞一时之强，做使他人难堪的蠢事。这一点在处理人际关系时非常重要。

我们与家人、朋友、同事甚至路人在不同的场合中交往接触，总免不了有意见相左、磕磕碰碰的时候，但只要不是原则性问题，各自主动退让，多担待、少计较，便有利于减少矛盾、保持人际关系的融洽，于人于己均是有益的。

包容是生活的艺术，看似是对别人做出了善意的举动，其实也是对自己内心的充实和肯定。理智地退却，大度地退让，将会有一片广阔的天地任你驰骋。

主动示好，化干戈为玉帛

《庄子·则阳》中有这样一个故事:从前,在蜗牛的左角上有个国家,叫触氏国;在蜗牛的右角上有个国家,叫蛮氏国。两个国家经常为抢夺土地而进行战争;每次战争都要在战场上弃尸好几万,胜者狠命追逐败敌,要十天半月才得返回。

蜗角上能有多大地盘,值得如此大动干戈。这看起来很可笑,可是人们自己也往往做这种可笑的事。生存于世,免不了和各种各样的人打交道,也免不了会出现各种矛盾。一旦遇到这种情况,如果让矛盾激化,那事情就有可能无法收拾,你也可能因此失去一个朋友,多了一个敌人。

曾从网上看到这样一则消息,某校的两个大学生在宿舍听歌曲,因喜好不同,评价歌曲起了争执,竟然打骂起来。在舍友的劝说下,一位同学被推回了宿舍。本来以为事情就此结束了,谁想到该同学回到宿舍越想越气,顺手操起一把水果刀,径直闯入另一同学的宿舍,朝其胸部狠狠捅了两刀,令其当即毙命。他自己呢,也在狱中背上了灵魂枷锁。

无可否认,在我们的生活工作中,难免会遇到一些不顺心的事,如果你只是一味地锱铢必较,那么哪怕是一点点的小事,也会因为你的任性而一发不可收拾。不过,要是你用一颗宽容的心去对待,就能大事化小,小事化无,化干戈为玉帛。

在生活中,经常有这样的现象:夫妻之间因为家庭琐事大打出手,导致家庭破裂;朋友之间因为一句闲话争得面红耳赤,竟行同路人,如此种种,不一而足。其实这都是我们自己一手促成的,遇到一点事情,就用愤怒代替理智,针锋相对,无尽无休,直到身心疲惫,两败俱伤。其实摩擦、矛盾,只要不

是恶意攻击，不是不可调和，我们应该设身处地替对方想想，主动承担责任，和对方握手言和。

不计前嫌是一种高尚的思想境界，是一种处理彼此积怨的好方法。不论在同事之间，还是在家人朋友之间，采取摒弃前嫌的做法，不仅有利于化解已有的矛盾，而且有助于塑造自身良好的形象，恢复和发展人际关系。比如你与他人积怨已久，双方都存有戒备甚至敌对心理，都不愿主动示善和解。这时，如果你能主动退让，或给对方传递一个善意的信息，或为对方做一件友善的事，则很可能从此化干戈为玉帛。但是，这一步往往很难跨出。

从实际情况看，要做到不计前嫌并不是一件容易的事情。因为人们一旦结仇，彼此之间就会心怀怨恨，并不是轻易就能化解。这需要当事人有足够的勇气、较高的思想修养，还要善于自己说服自己。

美国第三任总统杰斐逊与第二任总统亚当斯从交恶到互相宽恕就是一个不计前嫌的生动例子。

杰斐逊在就任总统前夕，到白宫去想告诉亚当斯，他希望针锋相对的竞选活动并没有破坏他们之间的友谊。但据说杰斐逊还来不及开口，亚当斯便咆哮起来：“是你把我赶走的！是你把我赶走的！”从此两人没有交谈达数年之久，直到后来杰斐逊的几个邻居去探访亚当斯，这个坚强的老人仍在诉说那件难堪的事，但接着冲口说出：“我一直都喜欢杰斐逊，现在仍然喜欢他。”邻居把这话传给了杰斐逊，杰斐逊便请了一个彼此皆熟悉的朋友传话，让亚当斯也知道他的深重友情。后来，亚当斯回了一封信给他，两人从此开始了美国历史上最伟大的书信往来。

这个例子告诉我们，宽容是一种多么可贵的精神。在生活中，我们经常会碰到一些恶意的、真正伤害了我们的人，如果不学会宽容，就会把自己陷入无穷无尽的烦恼之中无法解脱。

宽容别人对我们来说并不容易，但也不困难，关键要看自己如何进行选择。假如你想化敌为友，就得迈出第一步。当你和别人之间发生矛盾的时候，要主动示好，采取寻求和解的行动，这样才能赢得和谐的人际关系。

一个人有时能容忍他人的固执己见、自以为是,却很难容忍对自己的恶意污辱和致命打击。但唯有抱着“尽释前嫌”和“以德报怨”的宽容态度,才能使这个世界少一分仇恨,多一分祥和。

将内心用爱填满,仇恨就会被赶出

我们经常会听到这样的话:“我最恨他这种人了。”为什么要恨一个人呢?无非是因为他有心或无意地伤害了你。假如别人伤害了你,千万不要只会怨恨,关键是要学会原谅,并避免被别人再次伤害。心胸太狭窄,绝对是一件坏事。报复心太强烈,只能害自己。

古代的人想杀一头熊时,会在一碗蜂蜜的上方吊一根沉重的木头。熊想吃蜂蜜时,必须先推开木头,而木头会荡回来撞击熊;熊一生气就更用力地推开木头,而木头也更猛烈地撞击回来,就这样不断重复,直到熊被撞死为止。以怨报怨的人其实就像这只熊一样,对方也许只伤害过你一次,但你却在心中一而再、再而三地想着、恨着,好像已经被伤害过千百次似的。满腔的恨意,只会让你做出仇恨的举止,末了只能是自讨苦吃。

总是对他人充满仇恨并不能解决任何问题,也不能带来和平与安宁,只会带来无穷尽的烦恼,导致冤冤相报。如果我们的心里充满了恨,怎么还有空间再容得下爱和快乐呢?唯有宽恕能让人的灵魂自由,并允许爱和快乐进驻内心深处。

我们都知道,儒家理论的核心,一是“宽恕”,二是“仁爱”。樊迟是孔子的弟子之一,他曾经毕恭毕敬地问孔子:“老师,什么叫‘仁’?”孔子回答说:“‘爱人’。爱别人就叫‘仁’。”孔子主张“为仁”,墨子主张“兼爱”,里面都涵纳宽容。选择宽容就选择了博大。攻击你的,你就回避它;伤害你的,你就

忍耐他；对你无理的，你就包容它。凡事仁爱，就能解除对峙，求得认同。当你真正能够原谅别人时，自己的内心也会安宁坦然。

其实很多事情，回过头来看是那么微不足道，而自己竟然在所谓的愁怨上浪费了那么多的感情和精力，实在是得不偿失。相反，如果懂得宽容别人的过失，就会得到别人的感激和信任，同时也让自己更自由、更快乐。何乐而不为？

1991 年 11 月 1 日，28 岁的青年博士卢刚，这个由中国政府公派来美的留学生，开枪击中他的博士研究生导师，之后跑出物理系大楼，又接连杀死了副校长安·柯莱瑞等人，然后举枪自杀。

"卢刚事件"后，爱荷华大学的 28000 名师生全体停课一天，为柯莱瑞举行了葬礼。德沃保罗神父在对好友柯莱瑞的一生的回顾追思时说："假若今天是我们被愤怒和仇恨笼罩的日子，安·柯莱瑞将是第一个责备我们的人。"

就在安·柯莱瑞女士遇难之后的第三天，她的家属发表了一封给卢刚家人的信件——

致卢刚的家人：

……安生前相信爱和宽恕。我们在你们悲痛时写这封信，为的是要分担你们的哀伤，也盼你们和我们一起祈祷彼此相爱。在这痛苦时刻，安是会希望我们大家的心都充满同情、宽容和爱的。我们知道，在这时会比我们更感悲痛的，只有你们一家。请你们理解，我们愿和你们共同承受这悲伤。

这样，我们就能一起从中得到安慰和支持。安也会希望是这样的。

诚挚的安·柯莱瑞博士的兄弟们：弗兰克·迈克、保罗·克莱瑞

这封信件展示了一种宝贵的人性：无私地关爱他人、包容他人。安的惨死并没有动摇亲人们的信仰，并没有让他们以仇恨来取代爱。他们深知，仇恨最后伤害的是自己，仇恨也不符合安生前所坚持的关爱他人的思想。爱和宽恕才是对亲人最好的纪念。于是，他们向杀害亲人的凶手的家人伸出了温暖的双手；于是，一项以"安·柯莱瑞"命名的奖学金在爱荷华大学建立

起来了，前后三名获奖者都是来自中国的留学生。

佛经言："一念境转。"如果我们选择了宽容，从此放弃仇恨的包袱，赠给对方一个微笑，我们就收获了一份心灵的感动，让自己生活得更轻松。相反，如果我们选择了仇恨，时刻都想着如何去报复对方，就会整日心事重重，内心极端压抑，那么我们的余生将在黑暗中度过。

人生的确需要宽容。富兰克林说过："对于所受的伤害，宽容比复仇更高尚。"但宽恕伤害自己的人并不是一件容易做到的事，要把怨气甚至仇恨从心里驱赶出去，的确是需要极大的勇气和胸襟。一本书上有这样的话："我们的心如同一个容器，当爱越来越多的时候，仇恨就会被挤出去。"所以，我们不需要一味地、刻意地去消除仇恨，而只需不断地用爱来充满内心，用关怀来滋润胸襟，这样，仇恨自然没有容身之处。

参考文献

[1]刘墉. 我不是教你诈1[M]. 北京:文化艺术出版社,2010.

[2]卡耐基. 卡耐基沟通的艺术与处世智慧[M]. 北京:中国华侨出版社,2012.

[3]陈慧君. 处世绝学[M]. 北京:线装书局,2008.

[4] 张帆. 18 岁以后要精通人情世故[M]. 北京:中国纺织出版社,2011.

[5] 王蒙. 22 岁以后男人要懂的人情世故[M]. 北京:中国纺织出版社,2010.

[6] 李志敏. 18 岁以后要懂得的100 条人情世故[M]. 北京:中国纺织出版社,2010.